essentials

essentials liefern aktuelles Wissen in konzentrierter Form. Die Essenz dessen, worauf es als „State-of-the-Art" in der gegenwärtigen Fachdiskussion oder in der Praxis ankommt. *essentials* informieren schnell, unkompliziert und verständlich

- als Einführung in ein aktuelles Thema aus Ihrem Fachgebiet
- als Einstieg in ein für Sie noch unbekanntes Themenfeld
- als Einblick, um zum Thema mitreden zu können

Die Bücher in elektronischer und gedruckter Form bringen das Expertenwissen von Springer-Fachautoren kompakt zur Darstellung. Sie sind besonders für die Nutzung als eBook auf Tablet-PCs, eBook-Readern und Smartphones geeignet. *essentials:* Wissensbausteine aus den Wirtschafts-, Sozial- und Geisteswissenschaften, aus Technik und Naturwissenschaften sowie aus Medizin, Psychologie und Gesundheitsberufen. Von renommierten Autoren aller Springer-Verlagsmarken.

Weitere Bände in der Reihe http://www.springer.com/series/13088

Marcel Schütz · Heinke Röbken
Nicola Hericks

Lokaler Boykott der Bologna-Reform

Eine Untersuchung zur Beibehaltung des Diploms im Ingenieurstudium

Marcel Schütz
Universität Oldenburg
Oldenburg, Deutschland

Nicola Hericks
Universität Hamburg
Hamburg, Deutschland

Heinke Röbken
Universität Oldenburg
Oldenburg, Deutschland

ISSN 2197-6708 ISSN 2197-6716 (electronic)
essentials
ISBN 978-3-658-19392-8 ISBN 978-3-658-19393-5 (eBook)
DOI 10.1007/978-3-658-19393-5

Die Deutsche Nationalbibliothek verzeichnet diese Publikation in der Deutschen Nationalbibliografie; detaillierte bibliografische Daten sind im Internet über http://dnb.d-nb.de abrufbar.

Springer Vieweg
© Springer Fachmedien Wiesbaden GmbH 2017

Gedruckt auf säurefreiem und chlorfrei gebleichtem Papier

Springer Vieweg ist Teil von Springer Nature
Die eingetragene Gesellschaft ist Springer Fachmedien Wiesbaden GmbH
Die Anschrift der Gesellschaft ist: Abraham-Lincoln-Str. 46, 65189 Wiesbaden, Germany

Was Sie in diesem *essential* finden können

- Die erste Untersuchung zur Beibehaltung des Diplomstudiums an einzelnen Hochschulstandorten.
- Direkte Beobachtungsforschung vor Ort mit O-Tönen aus Gesprächen mit Professorinnen und Professoren der Ingenieurwissenschaften.
- Unterschiedliche Varianten lokaler Reformalternativen zum Bologna-System.
- Hinweise auf die Relevanz indirekter Unterstützer der Fachbereiche.

Inhaltsverzeichnis

Über die Autoren

Marcel Schütz ist Forschungsstipendiat des Landes Niedersachsen an der Universität Oldenburg. Er lehrt Soziologie an der Universität Bielefeld sowie Betriebswirtschaft an der Northern Business School Hamburg. Seine Schwerpunkte liegen in der Organisationsforschung.

Heinke Röbken ist Professorin für Bildungsmanagement an der Universität Oldenburg. Zu ihren Schwerpunkten gehört die Forschung zu Innovation und organisatorischer Veränderung im Schul- und Hochschulwesen sowie im Bereich der Verwaltung.

Nicola Hericks ist wissenschaftliche Mitarbeiterin der Fakultät für Erziehungswissenschaft an der Universität Hamburg. Zu ihren Schwerpunkten gehören die Schul-, Unterrichts- und Hochschulforschung.

Einleitung 1

Seit der sukzessiven Einführung des Bologna-Systems ab der Jahrtausendwende hat die überwiegende Mehrheit der Hochschulen in Deutschland die vorhandene Studienarchitektur nahezu komplett auf die Bachelor- und Masterabschlüsse umgestellt. Begleitet wurde dieser Prozess durch jahrelange intensive Diskussionen und Analysen zur Hochschulbildung (Kühl 2014; Lenzen 2014). Neben den akademischen Traditionsfächern Jura, Medizin und Theologie hat eine kleine Gruppe von Fakultäten die Reform einzelner Studiengänge bis jetzt nicht vollzogen und die Diplomstudiengänge beibehalten (insbes. die Ingenieurwissenschaften: Frankfurter Allgemeine Zeitung 22. April 2017). Die jeweiligen Fakultäten, so ist anzunehmen, sehen sich gegenüber der weitgehenden Durchsetzung des Bologna-Prozesses im deutschen Hochschulwesen mit ihrer Reformresistenz einem erhöhten Legitimations- bzw. Anpassungsdruck ausgesetzt, denn in öffentlichen Reformprozessen ist es „schwierig, sich als Gegner von Reformen zu bekennen" (Luhmann 1971b, S. 203). Allzumal dann, wenn mit Reform stets „eine eindeutige Richtung zum Besseren" beschworen wird, auch wenn diese Behauptung vielleicht deshalb so beliebt ist, „weil dafür die Beweise fehlen" (ebd.).

Empirisch interessant erscheint die Frage, ob und inwiefern die Ablehnung des Bologna-Prozesses womöglich zu eigenen Reformansätzen in den erhaltenen Studiengängen führt. Im Rahmen einer sozialwissenschaftlichen Untersuchung an ausgewählten Fakultäten, die eine Bologna-Anpassung einzelner Studiengänge meiden, wurden Begründungsmuster und Handlungsstrategien zur Beibehaltung

---

Aus Gründen der Schriftökonomie verwenden wir wechselweise die neutrale und die männliche Geschlechtsform. Wir meinen stets beide Geschlechter. Aufgrund der Anonymisierung des Datenmaterials erfolgt ohnehin keine Geschlechterunterscheidung.

© Springer Fachmedien Wiesbaden GmbH 2017
M. Schütz et al., *Lokaler Boykott der Bologna-Reform,* essentials,
DOI 10.1007/978-3-658-19393-5_1

der alten Studiengänge betrachtet. Im Folgenden werden Auszüge aus der durchgeführten Interviewreihe vorgestellt. Von besonderem Interesse sind dabei die Begründungen für die Verweigerung der Einführung der neuen Studienstruktur.

Mit dem vorliegenden Beitrag widmen wir uns einem eher abseitigen Schauplatz der Bologna-Reformdiskussion. Zwar überwiegt weithin (trotz andauernder Kritik und Diskussion) im Großen und Ganzen der Glaube an die Unausweichlichkeit einer Bologna-konformen Studienlandschaft. Dennoch können die – sich offenkundig weiterhin genügender Nachfrage erfreuenden – Beispiele reformresistenter Fachbereiche zu Irritation, aber auch zu einer differenzierten Beurteilung des allseits beschworenen Wettbewerbs von Studienstandorten und Studiengängen Anlass geben. Zum Aufbau dieses Bandes: Zunächst werden die Fälle präsentiert und mit theoretischen Bezügen aus der Organisationsforschung eingeordnet. Abschließend werden die Befunde resümiert.

Die skizzierte Thematik wurde bisher in Deutschland nicht analysiert. Insofern mussten relevante Fragen und Erhebungsinstrumente neu entwickelt werden. Dazu wurden in einer explorativen Studie u. a. an drei ingenieurwissenschaftlichen Fachbereichen mit den dortigen Studiengangverantwortlichen halb strukturierte Interviews auf Basis offener Fragestellungen durchgeführt. Für das Vorhaben waren Studiengänge von Interesse, die sich gegen die Übernahme des Bologna-Systems entschieden haben und Zugang zum Feld und zur Organisationspraxis boten.

Bevor wir auf die empirischen Ergebnisse zur Umstellung bzw. Beibehaltung der Diplomstudiengänge in den Ingenieurwissenschaften kommen, wollen wir zunächst einige Überlegungen zum Organisationswandel in Hochschulen anstellen. Das Thema Wandel von Hochschulen bewegt sich auf der Schnittfläche verschiedener Gebiete, insbesondere des strategischen Managements, der Organisationstheorie, des Personalmanagements und der Führungsforschung (Hanft 2000). Einzelne Wandelkonzepte und Managementinstrumente, wie sie in der Change-Management-Literatur diskutiert werden, greifen häufig zu kurz (Kieser 1997). Organisationswissenschaftler empfehlen stattdessen, Impulse aus unterschiedlichen Ansätzen und Theorien aufzunehmen und zu integrieren, um möglichst umfassende Antworten auf die Veränderungsanforderungen zu generieren (Krüger 2004). Hier setzt der folgende Abschnitt an. Zunächst werden einige Begrifflichkeiten zum organisatorischen Wandel vorgestellt und anhand von Beispielen aus der Hochschulpraxis veranschaulicht. Daran schließen die Ergebnisse der Befragungsstudie in ausgewählten ingenieurwissenschaftlichen Fakultäten an, die im Lichte der Theoriebeiträge zum organisatorischen Wandel erläutert werden sollen.

Was ist organisatorischer Wandel?

Organisationen verändern sich kontinuierlich. Aber was genau ist eigentlich mit Wandel gemeint? Kezar (2001, S. 15 ff.) schlägt dazu eine Reihe von Konzepten zur Systematisierung des Themenfeldes vor wie etwa Auslöser des Wandels, Wandeltiefe, Zeitpunkt für Veränderungen, Ausmaß, Fokus und die Fragen, wie proaktiv oder reaktiv bzw. wie geplant oder ungeplant der Veränderungsprozess ist. Die wichtigsten Dimensionen des Organisationswandels werden in Anlehnung an Kezar (2001) im Folgenden zusammengefasst und auf das Themenfeld des Bologna-Reformprozesses übertragen.

Auslöser für Wandel

Bevor Veränderungsprojekte in Angriff genommen werden, ist es wichtig, sich über die Ursachen für den bevorstehenden Wandel Klarheit zu verschaffen. Oft sind Organisationen auf die Umsetzung der Maßnahme konzentriert und verlieren dabei aus dem Blick, wozu die Maßnahme dient und welche Faktoren die Veränderung überhaupt ausgelöst haben. Dies liegt schlicht auch an einer permanenten Entscheidungsdiffusion in Organisationen. Über immer neue Instanzen und Entscheidungsgremien kommt es zur ‚Ausdünnung' oder zur ‚Neuinterpretation' vorheriger Entscheidungen. Entscheidungen begründen Folgeentscheidungen, aus denen wiederum Folgen des Entscheidens hervorgehen, die nur begrenzt linear zurückzuverfolgen sind (Luhmann 1966, S. 30). Ein Verständnis der Ursachen und der Notwendigkeiten des Wandels gilt für alle Beteiligten als relevant, um eine möglichst breite Unterstützungsbasis zu erhalten und Widerstände gegen Wandel abzubauen. In der Literatur werden typischerweise zwei wesentliche Auslöser für Wandel unterschieden: organisationsexterne und organisationsinterne Faktoren. Es wurde bereits mehrfach betont, welchen zentralen Stellenwert die Erfüllung externer Erwartungen für stark legitimierungsbedürftige Organisationen im öffentlichen bzw. Hochschulbereich einnimmt (Krücken und Röbken 2009;

© Springer Fachmedien Wiesbaden GmbH 2017
M. Schütz et al., *Lokaler Boykott der Bologna-Reform*, essentials,
DOI 10.1007/978-3-658-19393-5_2

Schütz 2015): Hochschulen etwa versuchen permanent, ihre Legitimität gegenüber wichtigen Anspruchsgruppen zu erhalten bzw. auszubauen. Sie reagieren daher besonders sensibel auf Veränderungen ihrer Umwelt. Wichtige Veränderungen im Bildungswesen betreffen z. B. gesetzliche, demografische, finanzielle oder kulturelle Veränderungen in der Gesellschaft. Organisationsinterne Ursachen für Wandel können z. B. die Akkumulation von Ressourcen umfassen, die Wandelbereitschaft von dominanten Koalitionen oder eine neue Führung (Kezar 2001, S. 15).

Wandeltiefe

Wandel kann sich auf unterschiedlichen Ebenen vollziehen. Die Organisationsliteratur unterscheidet zwischen „First-Order-" und „Second-Order"-Wandel (Argyris und Schön 1978). First-Order-Wandel umfasst kleinere Anpassungen oder Verbesserungen in wenigen Bereichen der Organisation; die organisatorischen Kernleistungen werden hingegen nicht angetastet. Er ist charakterisiert durch einen linearen Veränderungsprozess, der sich evolutionär entwickelt und in erster Linie auf der Ebene des Single-Loop-Lernens angesiedelt ist. Das Single-Loop-Lernen wird auch als operativer Wandel umschrieben. Innerhalb eines festgelegten Bezugsrahmens werden Fehler und Abweichungen registriert und korrigiert. Die zugrunde liegenden Verfahrensweisen, Strukturen, Strategien und Grundüberzeugungen bleiben unverändert. Ein Beispiel für den First-Order-Wandel ist z. B. eine Änderung der Software für Personalabrechnungen im Verwaltungsdezernat. Wandel in dieser administrativen Organisationseinheit hat in der Regel keine oder nur wenige Auswirkungen auf andere periphere Bereiche (z. B. für andere Fakultäten oder die Bibliotheksdienste) oder den Organisationskern (z. B. Lehr- und Forschungsschwerpunkte).

Second-Order-Wandel ist tiefgreifender, revolutionärer und radikaler als First-Order-Wandel. Hier verändern sich nicht nur Verfahren und Prozesse der Organisation, sondern auch ihre zugrunde liegenden Annahmen und ihre Organisationskultur, d. h. ihre impliziten bzw. informellen Gepflogenheiten, die oft kommunikationslatent bleiben (Argyris und Schön 1978). Häufig wird ein Second Order-Wandel durch eine tiefgreifende Krise ausgelöst. Typische Charakteristika dieser Wandelform sind ihre multidimensionale Wirkung (viele Bereiche und Hierarchien der Organisation verändern sich), Diskontinuität und der Fokus auf Double-Loop-Learning. Im Gegensatz zum First-Order-Wandel ist bei einem Second-Order-Wandel mit stärkeren Widerständen innerhalb und außerhalb der Organisation zu rechnen, weil er weitreichendere, teilweise auch irreversible Konsequenzen nach sich zieht und nicht selten mit Ressourcenumverteilungen verbunden ist (Kezar 2001, S. 32 f.). Eine den organisationalen Kern betreffende Restrukturierung in einer Bildungseinrichtung ist bspw. die Umstellung von einer zentralistisch ausgerichteten Hochschulfinanzierung auf einen Globalhaushalt. Wenn die Hochschulleitung in die Lage versetzt wird, grundlegende Entscheidungen zur Mittelverteilung innerhalb der Hochschule selbst zu tätigen, anstatt den Vorgaben eines Landesministeriums zu folgen, sind alle Teilbereiche der Hochschule durch die Veränderungsmaßnahme betroffen.

Ausmaß des Wandels

Das Ausmaß des Wandels wird auch nach den Ebenen des individuellen, des interpersonellen und des organisationsbezogenen Wandels differenziert (Kezar 2001, S. 34). Alternative Ansätze berücksichtigen darüber hinaus auch die Branchenebene. Die Nutzung einer neuen E-Learning-Technologie durch einen Lehrenden lässt sich z. B. als individueller Wandel bezeichnen; die Einführung eines interdisziplinären Studienmoduls fällt unter den Organisationswandel auf interpersoneller Ebene, und die Einführung neuer Studienabschlüsse ist eine Veränderung auf Organisations- oder ggf. auch auf Branchenebene.

Fokus des Wandels

Während das Ausmaß des Wandels sich auf die verschiedenen intra- und interorganisatorischen Ebenen bezieht, erfasst der Wandelfokus die verschiedenen inhaltlichen Dimensionen des Wandels. In der Literatur finden sich drei Hauptfokusse, die immer wieder Gegenstand von organisatorischem Wandel sind: Strukturen, Prozesse und Einstellungen (Kezar 2001, S. 35). Ein Wandel in den Strukturen bezieht sich typischerweise auf Veränderungen in den Organigrammen, den Anreizsystemen, in den institutionellen Richtlinien und Prozeduren. Im Gegensatz dazu richtet sich der prozessbezogene Wandel auf die Art und Weise, wie die Organisationsmitglieder miteinander interagieren. Ein Wandel in den Einstellungen resultiert aus veränderten Sichtweisen und Auffassungen der Organisationsmitglieder und ist eng mit Fragen des Kulturwandels verbunden. Wandel kann sich auf einen, zwei oder alle drei Fokusse beziehen. Manche Autoren argumentieren, dass eine Maßnahme, die keinen Wandel in den Einstellungen nach sich zieht, eigentlich kein organisatorischer Wandel ist (Senge 1990). Eine Umstellung der Bezahlung von einer Beamtenbesoldung auf ein leistungsorientiertes Entgelt zielt auf eine strukturelle Veränderung ab; die Einführung interdisziplinärer Zusammenarbeit kann als eine prozessbezogene Veränderung begriffen werden, und eine stärkere Ausrichtung der Studienangebote auf die Bedürfnisse der Klienten könnte eine Veränderung in den Einstellungen der Mitarbeitenden widerspiegeln, die jedoch, wie die Forschung zeigt, nur schwer zu erreichen geschweige zu kontrollieren ist.

Geplant oder ungeplant?
Eine weitere Differenzierung des organisatorischen Wandels betrifft die Frage der Planbarkeit. Geplanter (hier synonym: intendierter) Wandel bezieht sich auf Veränderungen, die willentlich durch die Organisationsmitglieder herbeigeführt werden. Bei Bedarf werden Experten innerhalb und außerhalb der Organisation eingesetzt, um mit den Schwierigkeiten bei der Einführung neuer Programme umzugehen und Abweichungen vom Plan zu beheben. Vertreter der strategischen Planung und der Organisationsentwicklung gehen bspw. von der Idee des geplanten Wandels aus. Hier stehen Aspekte wie Zielformulierung, Maßnahmenplanung, bewusste Veränderung und ggf. die Einbeziehung interner und externer Experten im Vordergrund. Evolutionärer Wandel und zufälliger Wandel sind hingegen nicht Bestandteil des geplanten Wandels. Hier ändern sich Organisationen im Wechselspiel zwischen den Anforderungen aus der Umwelt und den internen Bedingungen der Organisation. Diese beiden Extrempole kommen in der Organisationsrealität in der Regel selten in Reinform vor. Ein vollständig geplanter Wandel würde voraussetzen, dass die Ziele des Veränderungsvorhabens präzise und detailliert ausformuliert und organisationsweit anerkannt sind und dass die Umwelt perfekt vorhersagbar ist bzw. sich in der vollen Kontrolle der Umwelt befindet. Genauso unwahrscheinlich ist ein vollkommen ungeplanter Wandel, weil sich hier ein konsistentes Handlungsmuster unter der völligen Abwesenheit von Intentionen herausbilden müsste. Zwischen diesen beiden Extrempolen liegt daher eine Reihe von Mischformen, die sowohl geplante als auch ungeplante Dynamik umfassen (Mintzberg 1979).

Reaktionszeit
Eine alternative Sichtweise eröffnet die Unterscheidung zwischen proaktivem und reaktivem Wandel. Proaktiver Wandel setzt ein, wenn vor einer Krise Veränderungen eingeleitet werden, während reaktiver Wandel erst nach einer wahrgenommenen Krise durchgeführt wird. Geplanter Wandel kann z. B. proaktiv und reaktiv ausgerichtet sein: Häufig wird in der Literatur über die Vorzüge des proaktiven Wandels berichtet (Argyris 1982; Senge 1990). Es wird angenommen, dass frühzeitiger Wandel eher inkrementale, weniger radikale Veränderungen bewirkt, die weniger kostenintensiv und auch weniger risikoreich sind.

Ziel der Veränderung
Veränderungsprojekte können sich sowohl auf den Prozess des Wandels als auch auf das Ergebnis des Veränderungsvorhabens beziehen. Der Prozess beschreibt, auf welche Weise sich der Wandel vollzieht: proaktiv, reaktiv, geplant und ungeplant sind verschiedene Formen des Wandelprozesses. Die Ergebnisse des Wan-

dels sind häufig ein kontrovers diskutiertes Thema, denn längst nicht immer lassen sich die Konsequenzen verlässlich quantifizieren. Einerseits wird betont, dass die Ergebnisse an den klar fassbaren Elementen der Organisation festgemacht werden müssen wie z. B. an neuen Organisationsstrukturen, Prozessen oder Ritualen. Andererseits wird argumentiert, dass sich das Ergebnis einer Wandelinitiative nicht eindeutig in Struktur- und Prozesselementen niederschlägt, sondern dass der Wandel die Organisation ganzheitlich erfasst und sich damit auch in den kulturellen Werten und mentalen Modellen der Organisationsmitglieder widerspiegelt, die sich nur sehr schwer erfassen lassen. Die Fusion zwischen einer Universität und einer Fachhochschule führt möglicherweise zu einer Vielzahl von nicht intendierten Veränderungen und wird langfristig einen tiefgreifenden kulturellen Wandel der fusionierten Einrichtung nach sich ziehen, deren Effekte sich nicht eindeutig messen lassen. Auch ist aus der Forschung seit Langem bekannt, dass organisatorische Veränderungen nicht selten erst im Laufe ihrer Entwicklung bzw. nachträglich Sinn- bzw. Zielbeschreibungen erhalten, die zu Beginn noch gar nicht bestanden. Es findet also eine Art ‚rückwirkende Rationalisierung‘ statt: Die entwickelten Lösungen werden identifizierten Problemen mitunter zugeordnet bzw. angeheftet. Eine US-amerikanische Forschergruppe prägte dafür den Begriff des „Mülleimer-Modells": Wie in einem Papierkorb überlappen sich diverse bestehende Probleme und Lösungen, die weitaus diffuser aufeinanderliegen, als es ‚nach Lehrbuch‘ bzw. organisatorischen Vorgaben zu erwarten wäre (Cohen et al. 1972). Die erreichten Ziele der Reform können sich dann ganz anders darstellen, als sie von den Initiatoren oder den Adressaten erwartet bzw. erwünscht worden sind – eine Folge, die für politische Reformen empirisch nicht als Un-, sondern eher als Regelfall zu beobachten ist (Aberbach und Christensen 2014).

In der Alltagssprache und in der Berufswelt werden im Übrigen die Begriffe Wandel (oder ‚Change‘ und ‚Change Management‘) und Reform zumeist synonym verwandt. Die internationale Organisationsforschung sieht jedoch eine Unterscheidung, der wir auch für unsere Analyse folgen, wiewohl beide Begriffe immer wieder deckungsgleiche Bedeutung signalisieren. Als Reform ist grundsätzlich jede geplante strukturelle Veränderung eines (organisatorischen) Systems zu verstehen. Eine Reform beruht im Wesentlichen auf Verbesserungsvorschlägen, auf der Optimierung des Alten mit neuartig erscheinenden Mitteln (Luhmann 1971b, S. 203). Mit Christensen et al. (2007, S. 122) gesprochen: „We mean active and deliberate attempts by political and administrative leaders to change structural or cultural features of organizations". Das derzeit sehr begehrte Schlagwort „Change" bringt hingegen zum Ausdruck, „what actually happens to such features" (Christensen et al. 2007, S. 122) in den Praktiken von Organisationen.

Bologna im Lichte der Forschung

Wenn wir die Bologna-Reform mit diesen Konzepten betrachten, kommen wir zu dem Ergebnis, dass es sich für die Hochschulen um eine Reform handelt, die zunächst (1) auf einen externen Auslöser zurückgeführt werden kann. Die Initiative zur Vereinheitlichung des bestehenden europäischen Hochschulbetriebs geht auf eine europäische bildungspolitische Initiative aus dem Jahr 1998 zurück, die im Rahmen der Sorbonne-Erklärung (1998) die Einführung einer zweistufigen Studienstruktur propagierte. Dies war der Auftakt für ein politisches Großprojekt zur internationalen Angleichung formal-organisatorischer Bildungsstrukturen, wie sie auch in anderen Bereichen des Bildungswesens zu beobachten ist (Schriewer 2007). Es handelt sich (2) um einen tiefgreifenden (Second-Order-) Wandelprozess, der weitreichende Konsequenzen für die Lehr-Lern-Kultur an deutschen Hochschulen nach sich ziehen konnte. Im Fokus des Wandels stehen dabei die Studienstrukturen, die gleichwohl auch mit den Prozessen (Zuständigkeiten, Ablaufplanungen in der Lehrgestaltung, Modularität) sowie mit den Einstellungen der Lehrenden und Lernenden verbunden sind. Die Bologna-Reform lässt sich (3) als geplanter Wandel bezeichnen, der frühzeitig in Form eines regelrechten Rollouts projektiert wurde und innerhalb eines rund zehnjährigen Zeitraums zunächst über Modell-, dann über Dauerlösungen vollzogen werden sollte. Es gab Hochschulen, die einerseits sehr proaktiv die Bologna-Vorgaben umgesetzt haben, und solche Hochschulen, die sich deutlich mehr Zeit gelassen oder die Reform stark mit eigenen Zielvorstellungen verknüpft haben.

Darstellung der Studienergebnisse 3

Im Folgenden werden die Befunde der Gesprächsreihe gebündelt nach einzelnen thematischen Kategorien skizziert. Aus Gründen der Anonymisierung können in der Ergebnisdarstellung keine Angaben über die Fachbereiche gemacht werden. Wir verwenden aus diesem Grund für die Darstellung von Personen ausschließlich das männliche Geschlecht. Damit ist jedoch keine Aussage über das tatsächliche Geschlecht verbunden.

Forschungsmethode
Identifikation und Ansprache der betreffenden Fachbereiche fanden im Januar 2014 mithilfe eines Hochschulregisters (sog. Hochschulkompass, www.hochschulkompass.de) der Hochschulrektorenkonferenz statt. Eine Prüfung der Situation an den ausgewählten Hochschulen im April 2016 führte zu dem Ergebnis, dass die Diplomstudiengänge dort auch weiterhin angeboten werden. Die Datenerhebung erfolgte mittels eines halb strukturierten, nicht standardisierten Interviewleitfadens, mit dem primär nach Hintergründen und Ursachen für die Verweigerung der Übernahme der neuen Studienstruktur gefragt wurde. Für die Auswertung der qualitativen (nicht-statistischen) Interviews wurde die Methode der thematischen Kodierung eingesetzt. Diese eignet sich besonders, um aus einem umfangreichen Textkonvolut eine interviewübergreifende Strukturierung eines Themenfeldes zu erarbeiten.

Die Darstellung der Forschungsbefunde ist erkennbar kursorisch-illustrativ. Das heißt, das Interesse gilt einer breitflächigen Betrachtung, die dem Lesenden einen pointierten Einblick in die Ergebnislage bieten soll. Hiermit wollen wir an den erwarteten themenspezifischen Interessen der Hochschulpraktiker im Bereich der Lehre und Entwicklung der Ingenieurwissenschaften ansetzen. Das detaillierte ‚Feingeäst' theoretischer und empirischer Zusammenhänge werden

© Springer Fachmedien Wiesbaden GmbH 2017
M. Schütz et al., *Lokaler Boykott der Bologna-Reform*, essentials,
DOI 10.1007/978-3-658-19393-5_3

daher ggf. nicht alle Interessierten vollständig durchwandern wollen. An einzelnen Stellen mögen sich dem einen oder der anderen Lesenden Anschlussfragen auftun, die Spezifika der Ingenieurwissenschaften deutlich übersteigen und in spezielle Diskurse der Organisationsforschung übergehen. Daher verweisen wir für eine Vertiefung ergänzend zum vorliegenden Text – der primär die ‚schnelle Hand' adressiert – auf unseren weiteren Beitrag (Röbken und Schütz 2017), der im Übrigen auch weitere Ergebnisse in anderen Fächern referiert. Im direkten Gespräch kommt es zu Abweichungen von der Standardsprache, die nach einer Verschriftlichung zu Unklarheiten führen können. Daher wurden die Zitate sprachlich behutsam normalisiert. Das heißt, es wurden dialektale und interjektive Formen angepasst sowie fehlerhafte oder unübliche Varianten der Aussprache von Wörtern gemäß der Schriftsprache korrigiert.

Fallbeispiel 1: Maschinenbau

Der erste betrachtete Diplomstudiengang befindet sich im Fachbereich Maschinenbau. Das Interview wurde mit dem Studiengangverantwortlichen geführt, der zugleich auch zeitweilig in der Fachbereichsleitung tätig war. Zusätzlich verfügt der Interviewpartner durch die Mitgliedschaft in einer Fachgesellschaft der Ingenieurwissenschaften über mehrjährige Erfahrungen bei der Akkreditierung von Studiengängen. Der Diplomstudiengang im Bereich Maschinenbau ist an einer eher kleineren Hochschule angesiedelt, die, laut Aussage des Interviewpartners, sich durch eine sehr gute fachliche Vernetzung in die regional ansässige Wirtschaft auszeichnet. Ein beträchtlicher Teil der Absolventen findet nach Abschluss des Studiums in der Region seine erste Anstellung.

Die Hochschule hat bereits vor über zehn Jahren ihre Studiengänge gemäß der Vorgaben der Bologna-Reform modularisiert. Modularisierung bedeutet, dass ein Studiengang in einzelne disziplinäre, didaktisch-curriculare Elemente (Module) gegliedert wird, wobei jedes Modul zu einer präziser benannten Kompetenz führen soll bzw. dieser als zugehörig erklärt wird (Terhart 2005). Derzeit bietet die Hochschule sowohl alte Diplomstudiengänge als auch neue Bachelor- und Master-Studiengänge an, die den Modularisierungsvorgaben der Bologna-Reform entsprechen. Im Folgenden sollen die Interviewergebnisse nach einzelnen Themen sortiert werden.

Zum Gesprächseinstieg wurde der Interviewpartner gebeten, wichtige Aspekte, Assoziationen und Ziele im Zusammenhang mit der Bologna-Reform zu skizzieren. Hier wurde zunächst das Thema Vergleichbarkeit von Studienabschlüssen aufgegriffen, die zwar einerseits als wünschenswert, aber zugleich auch als unrealistische Zielsetzung der Reform eingeschätzt wurde. Eine Problematik der nationalen und internationalen Vergleichbarkeit von Studiengängen spiegelt sich z. B. in der uneinheitlichen Definition von ECTS-Punkten wider (Kühl 2014). Während an deutschen Hochschulen typischerweise 30 Arbeitsstunden pro ECTS-Punkt zugrunde gelegt werden, wird dies in anderen Hochschulsystemen durchaus anders gehandhabt:

Ursprünglich wurde es ja mal so vermittelt: Wir wollen eine einheitliche Anerkennung der Studienabschlüsse europaweit. Und das kann Bologna, so wie es in Europa umgesetzt wurde, aus heutiger Sicht meiner Meinung nach überhaupt nicht leisten. (…) Es geht ja schon los, wenn unsere Studenten zum Beispiel zu einem Teilstudium nach Schottland gehen, wo ein ECTS mit 20 Aufwandsstunden hinterlegt ist. Ja, und dann kommen die wieder und sind ganz traurig, dass sie ihre ECTS von dort hier nicht komplett anerkannt bekommen (…). Noch schlimmer wird's, wenn wir international gucken, also ein Bachelor, der zum Beispiel aus China kommt, entspricht unserem technischen Abitur.

Ebenfalls beurteilt der Befragte die detaillierten Vorgaben zur Verbesserung der Studierbarkeit kritisch. Zwar begrüßt der Interviewpartner grundsätzlich die Bestrebungen, die Studiengänge zu optimieren und dafür alle Rahmenbedingungen auf den Prüfstand zu stellen. Gleichwohl wird eine undifferenzierte Herangehensweise bemängelt, die jeweilige Fachkulturen nicht entsprechend berücksichtige. Ein spezielles Problem dabei sei z. B. die Prüfungsgestaltung, die nach Auffassung des Programmverantwortlichen je nach Fachgebiet spezifisch gestaltet und nicht einheitlich bzw. statisch gemäß Bologna-Vorgaben geregelt werden könne:

Ja, dass die halt einfach über alle Studienrichtungen, über alle Fachrichtungen momentan in Deutschland drüber geschüttet werden. Und das berücksichtigt natürlich überhaupt nicht die Spezialitäten in den verschiedenen Studienrichtungen. (…) Ich studiere nun mal Politologie oder Medizin anders als Ingenieurwissenschaften. Das heißt, hier ist aus meiner Sicht dringend eine Differenzierung notwendig. Wir merken es bei uns auch im Gespräch mit den Studierenden, dass die aufgrund der Vielfalt des Wissens, die ich zum Beispiel in den Ingenieurwissenschaften vermitteln muss, es viel lieber haben, mehr und dafür kleinere Prüfungen abzulegen, als viele Wissensgebiete in einer großen Prüfung, einem großen Modul zusammenzufassen.

Grundsätzlich begrüßen die Fachbereichsmitglieder die formulierten Bologna-Reformziele wie etwa die Verbesserung der Studierbarkeit, Mobilität und Durchlässigkeit. Bei den konkreten Planungen wurde allerdings eine

Vielzahl von Problemen deutlich, die insbesondere den ingenieurwissenschaftlichen Studienbereich betreffen. Ziele wie Studierbarkeit oder Vergleichbarkeit erzeugten in der praktischen Implementierung eine Reihe nicht-intendierter Nebeneffekte, die im Fachbereich erst während des Reformprozesses erkennbar wurden. Das zeigt sich z. B. an der schwierigen Realisierung der ECTS-Punkte, die nicht nur von Fach zu Fach und Hochschule zu Hochschule, sondern auch von Land zu Land anders gehandhabt werden können. Das ursprünglich formulierte Ziel der Vergleichbarkeit von Studiengängen rückt damit in weite Ferne.

Die Bologna-Reform zieht zudem auf Ebene des Hochschulsystems neue Rollenverteilungen nach sich, die von manchen Akteuren willkommen geheißen, von anderen eher passiv geduldet oder auch offen kritisiert werden. So hat die neue Studienstruktur, nach Darstellung des Befragten, eine neue Aufgabenverteilung zwischen den verschiedenen Hochschultypen hervorgebracht, die für einen bestimmten Hochschultyp eine Statusaufwertung bewirken kann:

Und natürlich waren die Fachhochschulen über die Reformen dahingehend sehr erfreut, dass sie jetzt auch Master ausbilden durften und damit jeder in die Lage kam, Studenten bis zum Promotionsrecht zu bringen. Obwohl die Fachhochschulen trotzdem ja immer noch kein Promotionsrecht haben. Aber erst mal wieder bis dahin, um sagen wir mal, eine annähernde Gleichheit der Ausbildung zu erreichen. Aber auch das ist glaube ich heute auch noch nicht unbedingt gegeben. Das heißt die Universitäten gucken schon sehr genau drauf, wo hat einer den Master gemacht und, man muss dann ja immer noch einen Antrag auf 'ne Promotion stellen und kriegt dann halt noch ein paar Bedingungen genannt, ne? Also auch daran hat sich aus meiner Sicht bis heute in dem Verhältnis zwischen Fachhochschulen und Universitäten nicht wirklich was geändert.

Eine weitere Facette in Reformprozessen betrifft die (nachträgliche) Umwidmung von Reformzielen. So werden Reformen nicht selten auch dafür genutzt, weitere, gewissermaßen additive Ziele zu verwirklichen (Brunsson 2006). Beispielsweise merkt der Befragte an, dass die Bologna-Reform auch für andere Herausforderungen des Hochschulsystems genutzt wurde, wie etwa für einen angemessenen Umgang mit langfristig zu erwartenden sinkenden Studierendenzahlen. Hinter der Bologna-Reform verberge sich daher auch der Wunsch des Ministeriums durch die Anpassung und Umgestaltung der Studiengänge langfristig Lehrkapazitäten und damit Kosten zu sparen:

Die Bologna-Reform wird ja immer orientiert auf eine Effektivierung der Prozesse im öffentlichen Dienst und (…) das wurde aber auch bei uns an der Hochschule und gerade in (…) sehr offen kommuniziert, weil es war ja klar, dass wir mit 2011/12/13 in ein Loch bei Studienanfängerzahlen stürzen durch den Geburtenrückgang, das haben wir bei den Grundschulen durch. (…) Und hier wurde auch ganz offen kommuniziert, dass uns die Bologna-Reform durch die Vereinheitlichung von Studiengängen, durch die Modularisierung, durch das Aufräumen alter Studiengänge, dass man sich schon die Möglichkeit erhofft, hier auch Aufwand einsparen zu können und damit Kosten zu sparen und damit weniger Stellen besetzen zu müssen.

Der Befragte verdeutlicht dies, indem er an einem konkreten Fallbeispiel zum Thema Einsparung skizziert, wie im Zuge der Umstellung ein Seminar mit ca. 30 Teilnehmenden in eine große Vorlesung für ein paar Hundert Studierende umgewandelt wurde. Die komplexeren mathematischen Aufgaben die in dem ursprünglichen Seminar didaktisch angemessen bearbeitet werden konnten, ließen sich in der für ein ‚Massenpublikum' konzipierten Vorlesung nicht bei vergleichbarer Betreuungsintensität durchführen:

Damit kann ich natürlich gar nicht mehr so auf den Einzelnen eingehen, damit musste ich natürlich, weil auch 200 Mann wesentlich träger als 30 Mann sind, natürlich auch einiges an Stoff rausnehmen, nicht viel, aber einiges, ja so, dass das aus meiner Sicht nicht unbedingt ein positiver Effekt ist.

Neben den genannten kritischen Punkten zur Zielsetzung und zum Umsetzungsstand der Bologna-Reform betont der Interviewpartner, wie wichtig die Themen Studierbarkeit, Transparenz und Überprüfbarkeit von Studiengängen erscheinen. War es den Studierenden vor der Bologna-Reform kaum möglich, sich ein fundiertes Bild über die Inhalte eines ingenieurwissenschaftlichen Studiengangs zu machen, können die Studieninteressierten heutzutage über wenige Mausklicks genau erfahren, welche Inhalte im Laufe ihres Studiums thematisiert werden. Das wirke sich positiv auf die Wahl des Studienfaches aus:

Also, diese Studierbarkeit von Studiengängen und diese Überprüfbarkeit der Studierbarkeit, das ist schon ungeheuer wichtig. Ich glaube, die Studenten oder die Abiturienten haben auch wirklich einen ungeheuren Vorteil von der Bologna-Reform. Damit verbunden war ja auch dieser Zwang der Transparenz in den Studiengängen. Mit Bologna wusste jetzt ja auch jeder, wie der Studiengang aufgebaut ist, wie die Module aufgebaut sind. Die Inhalte der Module, die Prüfungsform der Module musste ja alles öffentlich gemacht werden. Das heißt, noch nie hatte ein Abiturient so gute Möglichkeiten, sich vorher über sein Studium zu informieren, wie das jetzt nach Bologna ist. Also das ist für die Bildungslandschaft ein ungeheurer Vorteil und gibt natürlich, sagen wir mal, für die Effektivität der Ausbildung in Deutschland auch die Möglichkeit, sagen wir, dass weniger Leute was studieren, wo sie nach 'nem halben oder nach 'nem Jahr sagen „Oh, hätte ich das gewusst". Die Gefahr war früher viel größer. Natürlich setzt das immer voraus, dass derjenige sich informieren muss. Das machen ja auch nicht alle. Aber sie haben jetzt die Möglichkeit sich zu informieren, was früher bei weitem nicht so gegeben war. Da musste man sich mit ein paar Schlagworten zufrieden geben und das war's.

Obwohl die Transparenz zum Aufbau einzelner Studiengänge deutlich anstieg, räumt der Interviewpartner zugleich ein, dass die Übersichtlichkeit über die Studienangebote in der deutschen Hochschullandschaft gleichzeitig gesunken sei. Es scheint ein Effekt nicht intendierter Nebenwirkungen im Rahmen einer Reform eingetreten zu sein: Das Ziel war die Erhöhung der Vergleichbarkeit von Studiengängen, das Resultat deutet aber auf eine zunehmende Heterogenisierung der Studiengänge hin, die eine Vergleichbarkeit eher erschwert. Als Problem wird eine Tendenz zum allzu ‚großspurigen' Labeling neuer Studiengänge erkannt:

Also vereinheitlicht wurden Studiengänge nicht. Im Gegenteil, das beobachten wir auch, durch die immer stärker werdende Konkurrenz zwischen den Hochschulen werden immer mehr gutklingende Studiengänge aus dem Boden gestampft, die teilweise Namen bekommen, die mehr versprechen, als der Inhalt bietet.

Wurden bisher eher auf allgemeiner Ebene die Ziele und der bisherige Umsetzungsstand der Bologna-Reform diskutiert, sollen als nächstes die Beweggründe und Ursachen für die reformskeptische Haltung innerhalb des Fachbereichs analysiert werden, die zur Beibehaltung der Diplomabschlüsse geführt haben. Die Bundesländer haben ihren Hochschulen Fristen gesetzt, innerhalb derer sie ihre Studiengänge an die neuen Erfordernisse anpassen sollten. Für u. a. die ausgewählte Hochschule galt die konkrete Vorgabe des Ministeriums, bis zum Jahr 2010 alle Studiengänge reformgerecht umgestellt zu haben. Der Fachbereich hat bereits früher mit der Modularisierung des Diplomstudiengangs begonnen, die schon 2006 fertiggestellt werden konnte. Ebenso hatten die Studiengangverantwortlichen bereits einen groben Konzeptentwurf für einen Bachelor-Studiengang in der Hinterhand, der bei Bedarf kurzfristig zum Einsatz gekommen wäre:

Wie gesagt, einige Bundesländer haben das sehr schnell gesetzlich gefordert, und dann hatten die Hochschulen gar keine andere Chance. Bei uns hieß es Anfang 2000 auch, die Umstellung muss bis 2010 erfolgt sein. Das heißt, als wir unsere Diplomstudiengänge 2006 entsprechend Bologna modularisiert haben, hatten wir parallel einen Plan für ein Bachelorstudium, was wir dann mit relativ wenig Aufwand 2009 hätten scharf schalten können. Wir haben also diesen modularisierten Diplomstudiengang mit acht Semestern schon so angelegt, dass wir die auf ein siebensemestriges Bachelorstudium umändern können. (…) Wir haben dann aber gesagt, wir warten damit so lange, bis wir wirklich dazu gezwungen werden, weil aus der Industrie immer wieder die Rückmeldung kam: ‚Bitte lasst das Diplomstudium. Die Praxiszeit beim Bachelorstudium, egal, ob sieben Semester oder gar eben sechssemestrige Ausbildung in Ingenieurwissenschaften, eigentlich eine Katastrophe, nützt uns überhaupt nichts, weil die Leute erstens zu wenig wissen, wenn sie zu uns kommen und viel zu kurz im Praktikum bei uns sind, als dass man was mit denen anfangen könnte‘. Und daraufhin sind wir erst mal beim Diplom geblieben.

Neben dem Ministerium gibt es also eine andere, nicht minder bedeutsame Anspruchsgruppe, die einen wesentlichen Einfluss darauf ausübt, ob die neuen Studiengänge eingeführt werden oder nicht: Arbeitgeber bzw. Industrie. Sie spielen für den Fachbereich eine gewichtige Rolle, wenn es darum geht, Ausbildungswege zu verändern. Der Fachbereich versuchte zunächst über eine ‚Verzögerungstaktik‘ sowie eine Modularisierung der Studiengänge die von der Industrie präferierten Ausbildungswege zu erhalten. Gleichwohl gingen die Studiengangverantwortlichen davon aus, dass der Druck irgendwann so groß werden würde, dass die neuen Strukturen bis zum geforderten Stichtag implementiert werden müssen. Interessanterweise kam es dazu aber nicht. Denn im Ministerium fand ein Personalwechsel statt, der auch eine veränderte Haltung in Bezug auf die Bologna-Reform mit sich gebracht hat:

Das Ministerium ... ist dann halt umgeschwenkt, mit [einem neuen Bildungsminister, der] dann sagte: ‚Ist mir doch egal. Macht, was ihr denkt und was ihr für richtig haltet.‘ Weil eben da 2009 schon der Widerstand aus der Industrie gegen die Bachelorstudiengänge aus den ersten Erfahrungen heraus spürbar war. Und das ist dann auch der Grund. Wir waren dann nicht mehr gezwungen, es umzustellen. Deswegen sind wir beim Diplom geblieben.

Die Studiengangverantwortlichen beobachten laufend die Entwicklungen und Sichtweisen in Bezug auf die Beibehaltung des Diplomstudiengangs, etwa mit Hilfe von Studienanfänger-Eingangsbefragungen oder Gesprächen mit Vertretern der regional ansässigen Unternehmen. Daraus geht hervor, dass die Betriebe nach wie vor das einsemestrige Praktikum gegenüber dem im BA-Studium üblichen Kurzpraktikum über zwölf Wochen bevorzugen. Zudem hat die letzte Erstsemesterbefragung ergeben, dass 76 % der Diplomstudierenden explizit den Studienort gewählt haben, weil es dort noch das Diplom gibt. Der Titel „Diplom-Ingenieur“ scheint immer noch ein ‚Qualitätssiegel‘ zu sein, welches ungern von den beteiligten Akteuren in Wissenschaft und Praxis aufgegeben wird:

Also, wir beobachten das immer. Wann kriegen unsere Absolventen ein Problem, weil sie Diplom-Ingenieur heißen? Aber, das ist noch nicht der Fall, und Diplom in Deutsch... Diplom-Ingenieur, egal, wo man hinkommt, ob nach England oder nach Asien, damit kann man was mit anfangen. (...) Viele Universitäten wollen gern noch den Diplom-Ingenieur zurück, das ist halt ein Qualitätsmerkmal. (...) Weil mit dem Diplom-Ingenieur hatten wir hier einen international anerkannten Abschluss (...) und dort fand ich es richtig sträflich für Absolventen im Ingenieurbereich diesen deutschen Diplom-Ingenieur quasi tot zu machen.

An anderer Stelle wird erneut betont, wie wichtig die ‚Marke‘ Diplom-Ingenieur als Qualitätssignal für die akademische Ingenieurausbildung ist, und wie schwer es deshalb der Hochschule gefallen wäre, sich von diesem renommierten Titel zu trennen:

An sich wollten wir wirklich den Titel halten, als Qualitätsmerkmal. Also uns ging's wirklich um den Verlust des Titels und diese Gleichmacherei auf den Bachelor, der im Prinzip überhaupt keine Aussage mehr hat und kein Qualitätsmerkmal ist, während Diplom-Ingenieur das aus unserer Sicht schon ist.

Dennoch hat sich der Fachbereich bereit erklärt, den Studiengang zu verändern und die brauchbar empfundenen Aspekte der Bologna-Reform in diese Änderungen einzubeziehen:

Also, das heißt die positiven Aspekte, die Vereinheitlichung, auch die Anrechenbarkeit von Leistung, die ich woanders bringe, was ja Bologna auch bringt, dass ich halt sonst wo was machen kann und das verrechnen kann im Studium, das haben wir schon alles gemacht. Das heißt, das, was günstig für die Studienorganisation ist, für die Transparenz, für die Prüfungsorganisation, für die Studierbarkeit, das haben wir schon alles mitgezogen. Wir sind bloß bei dem Titel Diplom-Ingenieur geblieben, dem Abschluss und den acht Semestern. Wir sind damit eigentlich zu 'nem achtsemestrigen Bachelor vergleichbar, nennen es halt nur Diplom-Ingenieur.

Dieser Aspekt ist durchaus interessant und verdient an dieser Stelle daher eine nähere Betrachtung. In der Organisationswissenschaft ist seit langer Zeit bereits bekannt, dass sich Organisationen nach außen oftmals mit neuen Reformelementen schmücken (man spricht in der Forschung schlicht vom ‚Talk‘ der Organisation), während gleichzeitig die innere Aktivitätsstruktur (kurz ‚Action‘) unverändert bleibt, um etwaige Störungen im effektiven und effizienten Betriebsablauf zu vermeiden bzw. Konflikte abzumildern (Brunsson 1989). So erscheint es ggf. nicht völlig unmöglich, dass in einem Fachbereich die Idee reift, einen alten Studiengang in das neue ‚Gewand‘ der modernen

Bachelor- oder Master-Angebote zu kleiden, ohne an den Studieninhalten nennenswert viel zu ändern. Dies ist bekanntermaßen ein weit verbreiteter Kritikpunkt in der Hochschulszene gewesen. In der vorliegenden Fallstudie jedoch wendet der Fachbereich die gegenteilige Strategie an: Es werden Veränderungen der Aktivitätsstruktur vorgenommen, wie etwa Modularisierung, Transparenzerhöhung etc., aber die alte ‚Hülle' bleibt erhalten. Um die Veränderungen auch tatsächlich durchzuführen, war allerdings der Druck der Politik erforderlich:

Es hieß, Bologna muss durchgeführt werden. Bologna zwingt in der ersten Stufe zur Modularisierung, weil ansonsten, wenn der Zwang nicht da gewesen wäre, dann hätten wir unsere Kollegen nicht zu diesem Aufwand bewegt.

Bei der Entscheidung, Diplomstudien weiter anzubieten, spielte an der untersuchten Hochschule aber nicht nur der Blick auf die Außendarstellung eine Rolle. Ferner waren inhaltlich-technische Gründe von Relevanz. Auf Hochschulebene ist zwischen 2006 und 2009 immer wieder die Frage diskutiert worden, ob eine Umstellung auf Bachelor-Master-Abschlüsse oder die Beibehaltung der Diplomstudiengänge für die Hochschule vorteilhafter wäre. Da die Rückmeldung aus der Industrie diesbezüglich eindeutig war und man für die Beibehaltung der alten Diplome plädierte, entschloss man sich schließlich, diesen Weg zu gehen. Die Arbeitgeber spielen insbesondere für den praktischen Teil des ingenieurwissenschaftlichen Studiums eine nicht unerhebliche Rolle:

Wenn Sie als Beispiel sehen: Unternehmen XY, als ein großer Praktikumsanbieter für die ganze Region, die haben mittlerweile aus der Erfahrung heraus, dass sie mit Bachelorstudenten im Praktikum, die nur zwölf Wochen da sind, nicht viel anfangen können, die Forderung aufgemacht: ‚Ein Praktikum bei uns dauert mindestens sechs Monate, entweder du machst das oder du machst bei uns kein Praktikum.' Was dann zur Folge hat, dass die Bachelorstudenten, wenn sie das wollen, halt in den sauren Apfel beißen und damit ungefähr ein Jahr Studienzeitverlängerung haben, weil die müssen dann ja in ihrem Rhythmus wieder einsteigen.

Der Vertreter des Fachbereichs kommt zu der Einschätzung, dass ein sechssemestriges Ingenieurstudium für die Berufsqualifikation zeitlich zu eng bemessen ist:

Also ich glaube auch, in den Ingenieurwissenschaften ist ein sechssemestriges Studium mit dem geringen Praxis- und damit Erfahrungsanteil nicht wirklich berufsbefähigend. Was ja der Anspruch war – als erster berufsbefähigender Abschluss. Und das, glaube ich, ist mit den Ansprüchen, die Arbeitgeber heute im Ingenieurbereich in der

deutschen Industrie haben, also rein auch aus Konkurrenz auf dem Weltmarkt, was ein
deutscher Ingenieur können muss, mit sechs Semestern nicht gegeben.

Zudem müsste die Industrie auch aus Kostengründen die Beibehaltung des
Diploms unterstützen, weil sonst ein nicht unerheblicher Teil der Ausbildungs-
kosten auf die Betriebe entfallen würde:

Man hat ja der Industrie in den Mund gelegt, die wären an den Bachelorabsolventen interessiert und die kosten weniger. Dass die weniger kosten, mag sein, aber
mit schneller fertig hat die Industrie überhaupt keine Vorteile, weil sie dann auf ihre
eigenen Kosten nachqualifizieren muss, ja? Und die Industrie wäre ja blöd, wenn
sie einen vollausgebildeten Ingenieur nahezu kostenfrei bekommt, einen mit zwei
Semestern weniger Ausbildung dann selber nachzuqualifizieren. Ja, also, mich wun-
dert halt, dass da aus der Industrie nicht noch mehr Druck kommt in Richtung dieser
Ausbildung, außer die sagen dann für bestimmte Positionen nehmen wir nur noch
Masterstudenten.

Sowohl in der Industrie als auch aus Sicht in den Ingenieurwissenschaften
scheint man sich einig zu sein, dass ein dreijähriges Bachelorstudium den
eigentlichen Bedürfnissen der Studierenden und der Wirtschaft nicht gerecht
werden kann. Trotzdem wird von politischer Seite diese Erwartung formuliert,
wodurch ein Konflikt zwischen technischen Erfordernissen und institutiona-
lisiertem Umwelterwarten hervorgerufen wird. Die Hochschule befindet sich
in ihrer Ausbildungsrolle in einer ‚Sandwichposition' zwischen Wirtschaft
und Bildungspolitik. Sie muss eine Strategie finden, die es ihr ermöglicht, den
widerstrebenden Erwartungen gerecht zu werden. Sie muss ihr international
anerkanntes und offensichtlich genügend wettbewerbsfähiges Studienmodell
in ein sechssemestriges Modell umwandeln – mit der bildungspolitischen
Begründung, durch die Verkürzung der Studienzeit die Wettbewerbsfähigkeit
zu stärken. Gleichzeitig ist den Experten klar, dass durch die zeitliche und
inhaltliche Reduktion des Studiums die Studienqualität nicht adäquat gehalten
und dadurch bedingt, die Marktfähigkeit der ingenieurwissenschaftlichen Qua-
lifizierung möglicherweise nicht gestärkt werden kann:

Deswegen hatten wir ja auch gesagt, wir wollen mindestens die sieben Semester,
das war für uns schon eine Kompromisslösung, obwohl wir über die auch nicht
glücklich waren, aber das war wieder von Seiten der Hochschulleitung, die Angst
hatte, wenn wir einen achtsemestrigen Bachelor anbieten, dass dann keiner zu uns
kommt, wenn wir rund rum denselben Abschluss mit sechs oder sieben Semestern
haben können. Und da sind wir wieder bei der Vergleichbarkeit des Abschlusses,

ne? Wenn Bologna einen sechs-, einen sieben- und einen achtsemestrigen Bachelor zulässt.

Dieses Statement verdeutlicht, dass die Beibehaltung des Diploms auch mit der eigenen Position im Wettbewerb der Hochschulstandorte verknüpft ist. Es geht auch darum, sich von Mitbewerbern abzugrenzen und Alleinstellungsmerkmale zu markieren:

Bei uns war das Konkurrenzdenken in der Region sehr groß, weil auch in dieser Zeit ganz stark im Sinne der Effektivierung des Studienbetreibens diskutiert wurde, so 'ne Gesamthochschule zu bilden, da hatte halt jeder um sich Angst und damit ist da auch geguckt worden, so heimlich, was machen die anderen und wie kann ich mich abheben. Wir waren wirklich die Einzigen, die den Mut hatten, sich über diese lange Zeit dieser Vorgabe zu widersetzen und einige Kollegen haben ganz neidisch auf uns geguckt. Wir sind schon so ein bisschen ein Exot, aber haben halt alle zusammen mit der Hochschulleitung uns für diesen Weg entschieden und wir sind der Auffassung, und das sagt auch die Hochschulleitung, es war richtig.

Wenn andere Hochschulen neidisch auf diesen Fachbereich schauen, der es gewagt hat, sich den neuen Abschlüssen zu entziehen, stellt sich die Frage, wieso die anderen Hochschulen überhaupt die neuen Abschüsse adaptiert haben, wenn sie im Grunde genommen die alten Strukturen befürworten. Die Einschätzung des Interviewpartners ist kurz und eindeutig:

Weil es vorgegeben war von der Hochschulleitung. Die hatten da keine andere Chance. Also man diskutiert eine Weile mit der Hochschulleitung und wenn die Hochschulleitung dann aber sagt: ‚Ne, wir machen das trotzdem', dann haben wir gar keine andere Chance.

An der untersuchten Hochschule hatten die Studiengangverantwortlichen dagegen genügend stichhaltige Argumente – auch gegenüber der Hochschulleitung, um den alten Studiengang zu verteidigen. Diese Argumente resultierten aus den engen Verbindungen zur Wirtschaft und zur Industrie, die ihrerseits wiederum klare Befürworter der Diplome waren. Für diese Hochschule sind damit vor allem zwei Anspruchsgruppen relevant: die Arbeitgeber und die potenziellen Studierenden. Das Ministerium als zentraler Akteur bei der Durchsetzung der Bologna-Idee spielt hingegen nur eine untergeordnete Rolle.

Auf die Frage, ob die Umstellung der Studienstrukturen möglicherweise Auswirkungen auf das tatsächliche Studierverhalten der Teilnehmenden habe, greift der Befragte einen Aspekt auf, der bereits angesprochen wurde: Durch die Umstellung seien vor allem Inhalte reduziert worden, wodurch das Ingenieurstudium in der Summe verschlankt wurde:

Vor Bologna waren wir hier, sagen wir mal, bei im Schnitt 33/35 SWS. Mit Bologna wurden ja 30 ECTS gefordert, die aber, zumindest in den höheren Semestern, deutlich unter 30 SWS liegen können. Das heißt, jetzt sind wir in den Ingenieurwissenschaften bei, sagen wir, 25 bis 28 SWS. Und wenn man das einfach mal von der Tendenz vergleicht, ist das aus meiner Sicht kritisch und das ist klar, (…) wir mussten auf Dinge verzichten. (…) Und wir haben dann die Wahlfächer, wo das alles reinkam, was aus dem Pflichtbereich rausgekommen ist, aber hm, insgesamt ist es weniger geworden.

Die Studierenden könnten diese Entwicklung – zumindest in Bezug auf die Arbeitsbelastung während des Studiums – positiv wahrnehmen. Das scheint allerdings nicht der Fall zu sein:

Und trotzdem beschweren sich die Studenten, dass es viel zu viel wäre, das ist aber glaub ich immer so, das liegt in der menschlichen Natur. Das heißt, egal, wie viel wir das zurückschrauben würden, würde diese Beschwerde trotzdem nicht weniger werden. Ja, und ich beobachte das auch bei, bei verschiedenen Studiengängen, da hab ich bis zur Modularisierung auch in mehreren Studiengängen 'ne sogenannte Fallstudie unterrichtet. Die ist sehr aufwendig und auch sehr anstrengend. Die Studenten, die eh schon durch den Studienablauf stark belastet waren, weil sie viel Unterricht hatten und viel machen mussten in dem Semester, die haben trotzdem im Schnitt die Fallstudie wesentlich besser bewältigt, als die, die eigentlich wesentlich mehr Zeit hatten. (…) So rein aus der persönlichen Erfahrung heraus: Menschen sind dann leistungsfähiger eigentlich, wenn sie stärker gefordert werden.

Der Interviewpartner wünscht sich mit Blick auf die Zukunft eine kritische und differenziertere Diskussion der Bologna-Reform. Diese hat seiner Ansicht nach auch viele positive Aspekte mit sich gebracht:

Dass die Reform etwas kritischer betrachtet werden sollte, vielleicht aus der Erfahrung heraus, dass vielleicht ein paar Differenzierungen stattfinden sollten. Der Ansatz an sich, ein Studium transparent zu machen, Leistungen international anerkennbar zu machen, die Grundidee ist ja in Ordnung, ja? Studienabschlüsse vergleichbar zu machen, von dem Anspruch sollten wir uns aus meiner Sicht lösen. Aber in der Umsetzung des Ganzen, qualitativ hochwertige Ausbildungen zu gewährleisten und möglichst effiziente Ausbildungen mit wenig Studienabbrechern, an dem Ziel sollten wir festhalten und uns überlegen, wie können wir es besser erreichen und da auch sukzessive immer wieder optimieren.

Grundsätzlich geht der Befragte davon aus, dass der bisher eingeschlagene Weg der Fakultät der richtige ist und auch in nächster Zukunft beibehalten wird.

Ja, weil diese achtsemestrige Ausbildung vom, sagen wir, von der Berufsbetätigung wirklich so gut ist, dass unsere Absolventen gut gefragt sind. Was kommen wird, wenn es denn doch mal, warum auch immer, was ich nicht glaube momentan, also die Chance, dass wir gezwungen, die Wahrscheinlichkeit dass wir gezwungen werden auf Bachelor umzustellen, sehe ich momentan unter 10 %. Es kann ja aber trotzdem passieren. Wenn das passieren sollte, denke ich, kommt schon an unsere Hochschule noch mal die Diskussion, ob wir wirklich auf den siebensemestrigen Bachelor gehen oder bei dem achtsemestrigen bleiben und sagen dann als Werbeargument, das ist 'ne Ausbildung, wie sie analog zum Diplom-Ingenieur war.

Wenn also der Druck zur Übernahme der neuen Titel so stark zunehmen sollte, dass der Hochschule keine Wahl bleibt, wird schon jetzt ‚alter Wein in neuen Schläuchen' erwartet. Dies ist, theoretisch reflektiert, durchaus eine erprobte Strategie, die in ähnlichen Situationen als verbreitet gilt. Organisationen ändern dann ihre Formalstruktur – z. B. mittels neuer Bezeichnungen der Studiengänge –, sie wandeln aber nicht automatisch die dahinterstehende Aktivitätsstruktur (also das eigentliche Curriculum und/oder die sozusagen didaktische Architektur der Studiengänge). Diese Strategie wird in der Organisationsforschung als „Entkopplung" von Formal- und Handlungsebene bezeichnet (Meyer und Rowan 1977).

Fallbeispiel 2: Bauingenieurwesen

Die zweite Fallstudie wurde an einem Fachbereich für Bauingenieurwesen durchgeführt. Vergleichbar zum ersten Fall begrüßt der Interviewpartner die Grundidee der Bologna-Reform als durchaus präferierte Initiative, womit eine Anrechenbarkeit zwischen verschiedenen Studienangeboten und damit die (internationale) Mobilität versucht werde:

Ich denke, die Ziele an sich, so wie ich's verstehe, die sind sehr, sehr positiv. Man möchte den Wechsel, die Transparenz, wenn ich von Hochschule zu Hochschule wechsle, die Beweglichkeit der Studierenden, die möchte man erhöhen. Das ist gut. Man möchte vergleichbare Abschlüsse bekommen. Das ist sehr gut. Das sind alles Dinge, die sind eigentlich vom Willen her sehr idealistisch.

Gleichwohl schätzt der Befragte die mangelnde Berücksichtigung nationaler Besonderheiten einzelner Bildungssysteme in diesem europäischen Veränderungsprozess durchaus kritisch ein:

Was ich für schwierig erachte ist, dass diese nationalen Traditionen, die es so gibt, vielleicht sogar die länderspezifischen Traditionen, wie hier bei uns, dass die das nicht berücksichtigen.

Gleichzeitig weist er darauf hin, dass das Bologna-Modell lediglich Vorgaben zur Modularisierung gemacht habe, aber keinen Zwang zur Einführung von Bachelor- und Masterstudiengängen impliziere. Dass in Deutschland dennoch die neuen Abschlüsse ‚massenweise' angleichend übernommen wurden, sieht der Interviewpartner kritisch:

Diese Zweistufigkeit der Ausbildung, wie man sie jetzt aus dem englischsprachigen Raum übernimmt, die kennt in Deutschland ja keiner. Also keiner, der im ingenieurtechnischen Bereich zumindest tätig ist, hat Erfahrungen mit Studienabschlüssen mit dem Titel Bachelor. Wir sind es gewohnt, vom Ingenieur zu sprechen. Wir hatten früher die Fachschul-Ingenieure, Fachhochschul-Ingenieure, und wir hatten universitäre Ingenieure. Und damit wusste eigentlich jeder, was sich hinter der Ausbildung verbirgt, was ich für einen Fachmann einstelle. Bei einem Bachelor- oder Masterabschluss ist das sehr schwierig. Ja, das ist so die Grundphilosophie, die wir noch im Moment vertreten. Dass wir sagen, der Diplom-Ingenieur, der ist durch die Diplom-Rahmenordnung recht genau gefasst, was die Inhalte betrifft. Ich weiß als Unternehmen, wen ich mir da einkaufe. Das Ganze ist deutschlandweit vergleichbar. Es ist Tradition und es ist historisch entstanden. Und das sind alles Dinge, die uns als Vorzüge erscheinen. Und was bei diesen ingenieurtechnischen Disziplinen natürlich ganz maßgeblich ist: die Berufsbezeichnung steckt im Titel.

Aus diesen Äußerungen wird deutlich, dass es den Beteiligten schwer fällt, den bekannten und als überaus erfolgreich wahrgenommenen Titel des Diplom-Ingenieurs einfach ‚einzutauschen' gegen die bis dato in Deutschland ingenieurwissenschaftlich ungebräuchlichen – traditionslosen – Titel Bachelor und Master. Das Argument der Reformer, mit den neuen Abschlüssen eine höhere Vergleichbarkeit zu erzielen, wird mit Blick auf die Ingenieurwissenschaften relativiert, da die alten Studienabschlüsse in diesem Berufsfeld bereits eine klare Systematik mit unterschiedlichen Niveaus aufweisen, mit der es genügend gelingt, Vergleichbarkeit und Transparenz zu ermöglichen. Die Übernahme der neuen und zugleich unspezifischen Abschlüsse (das Manko: keine Berufsbezeichnung im Titel) könnte nach Auffassung des Befragten sogar die (wahrgenommene) Vergleichbarkeit einschränken und institutionalisierte Vorzüge in der deutschen Ingenieurausbildung minimieren.

Die alte Struktur war perfekt. Die fand ich also ausgezeichnet, weil sie im Prinzip klare Vorgaben hatten, was die Inhalte und die Umfänge betrifft. Wenn ein Ingenieur den Abschluss Bauingenieur hat, dann wussten Sie, was Sie von dem verlangen können. Wenn Sie sich die Bachelorstudiengänge anschauen, ist das ganz schwierig. Sie müssen ja immer nachschauen an welcher Hochschule er studiert hat, in welcher Zeit, ob der Studiengang akkreditiert gewesen ist oder nicht. Also das sind alles Dinge, die mögen sich nach einer gewissen Zeit auch ausprägen, dann auch Akzeptanz finden, aber die sind für uns, für das deutsche System völlig neu. Und was mir immer so ein bisschen unklar ist, warum man unkritisch ein System übernimmt, das hier nicht entstanden ist.

Für andere Fachrichtungen oder für neuartige Studiengänge sei die Umsetzung der Bologna-Reform nach Ansicht des Befragten indes viel einfacher:

Ich glaube, dass es auf der praktischen Seite eine sehr große Diskrepanz gibt zwischen den Studiengängen, die mehr geisteswissenschaftlich orientiert sind oder die vielleicht sehr neu sind, die also ganz neue Inhalte enthalten und den Klassikern, wie beispielsweise diesen ganzen ingenieurtechnischen Studiengängen. Also bei neuen Studiengängen ist das sicher leichter umzusetzen. Nehmen wir mal Ökomonitoring. Das ist ein Fachgebiet, das ist so neu, das ist kein Problem, die Studiengänge dort neu zu konzipieren. Aber bei solchen fest eingefügten Studiengängen, wie eben zum Beispiel Bauingenieurwesen oder Chemieingenieurwesen oder Maschinenbau da wird sich am Inhalt des Studienganges wenig ändern lassen. Und da haben wir auch, denke ich, gute Traditionen. Und ich glaube, dass der Idealismus, der dem Bologna-Prozess innewohnt, an der Stelle ein bisschen an Grenzen stößt, weil sich hier die nationalen Traditionen in diesen festgefügten Studiengängen nicht so einfach beseitigen lassen.

Die Gründe des Fachbereichs für die Beibehaltung des Diploms ordnet der Interviewpartner in die gewachsene Dynamik im Hochschulwettbewerb um Studierende ein. Die Einrichtung sah sich dazu gezwungen, sich von anderen Mitbewerbern stärker abzugrenzen und etwas Neues anzubieten:

Wissen Sie, das ist dann so, wenn die Hochschule dann auf einmal die Chance bekommt, um was Neues nach außen zu bringen und man sieht, ein Mitwettbewerber wirft jetzt neue Studiengänge auf den Markt. Wir haben alle die Statistiken im Hinterkopf, dass wir um die Studienbewerber kämpfen müssen, dass die Zahlen sinken werden und dann versucht man natürlich, sich auch in Position zu bringen für die Abiturienten oder für die Studienbewerber, dass man interessant wird (…).Wir haben gesagt, wir sind dadurch interessant, dass wir den alten Studiengang behalten.

Darüber hinaus wird betont, dass das Bologna-Modell nie explizit die Vorgabe gemacht habe, alle Studiengänge mit einem Bachelor- oder Master-Abschlusszertifikat zu versehen. Stattdessen lauteten die Vorgaben Modularisierung und

Einführung von Zweistufigkeit, die auch von den beteiligten Akteuren des Fachbereichs an den bestehenden Studienangeboten vorgenommen wurde:

Und dann glaube ich, dass auch vielfach einfach missverstanden wird. Bologna-Prozess heißt ja nicht zwingend, dass man dieses Bachelor-Master-System einführt, sondern Bologna-Prozess heißt ja eigentlich nur zweistufige Abschlüsse. Ja, also wir bieten ja hier bei uns auch den Master als die zweite Stufe mit an. Das Diplom ist ja hier die erste Stufe, praktisch, ne. So ist unsere Lesart …

Zunächst wurde das von der Landespolitik vorgegebene Ziel, in einer bestimmten Frist die Studiengänge zu modularisieren bzw. auf neue Abschlüsse umzustellen, an der Fakultät als ergebnisoffener Prozess betrachtet. Durch die Einbindung möglichst vieler Fachkollegen sollte ein Konsens erreicht werden, der von der Mehrheit mitgetragen werden konnte:

Der Start war eigentlich ergebnisoffen beziehungsweise die erste Idee war, das Ganze so zu organisieren, dass man Bachelor, Master und Diplom anbieten kann. Und die Widerstände waren dann aber so groß wie auch die persönlichen Widerstände der einzelnen Hochschullehrer und auch die fehlende Bereitschaft zu einer Veränderung war so groß, dass wir am Ende den kleinsten gemeinsamen Nenner umgesetzt haben und dann also im Prinzip den alten Studiengang fast so, wie er gewesen ist, modularisiert haben. Und der Prozess war unheimlich schwierig. Also das ging bis hin zu persönlichen Angriffen.

Bei der Gestaltung der neuen Struktur trafen sehr unterschiedliche Sichtweisen und Interessen aufeinander, die einer gemeinsame Curriculumgestaltung deutliche Grenzen gesetzt haben. Hinzu kamen Unsicherheiten und mangelnde Erfahrungswerte mit den neuen Strukturen, die weitere Anpassungen nach sich zogen:

Also das waren eigentlich wirklich nur Partikularinteressen. Also jeder hat dann in seinem Fachgebiet versucht so 'ne Art Maximalforderung aufzustellen. Zum Teil auch in Unkenntnis der Folgen, die damit verbunden sind. (…) Die meisten, einschließlich ich, wussten nicht, was da wirklich für Arbeit, für Aufwendungen, für Publikationen verbunden sein könnten. Wir sind jetzt an der Stelle, wo der Studiengang das erste Mal komplett durchgelaufen ist und jetzt merken wir schon, dass selbst die kleinen, vorsichtigen Änderungen, die dieser Bologna-Prozess mit sich gebracht hat, wie schwierig das geworden ist, das alltäglich umzusetzen ist. Jetzt müssen wir schon bisschen nachkorrigieren hier.

Nach Ansicht des Befragten führt der von außen erzwungene Wandel tief eingebetteter Strukturen möglicherweise zu halbherzigen Ergebnissen:

Das führt letztlich dann dazu, dass ein altes Produkt mit einem neuen Titel verkauft wird. Also diese wirkliche Reform, die gewünscht ist, die findet nicht statt, und es führt vielleicht auch ein bisschen dazu, das wäre jetzt so ein negativer Hintergedanke, dass gute Strukturen von unten aufgeweicht werden. Meiner Ansicht nach ist die deutsche Hochschulstruktur nicht schlecht gewesen auch mit dieser Trennung zwischen Fachhochschule und Universität.

Der Befragte weist auch darauf hin, dass die Bologna-Reform u. a. dazu genutzt werde, die Statusunterschiede zwischen Universitäten und Fachhochschulen aufzuweichen, indem das Fachhochschuldiplom mit der neuen Master-Ausbildung aufgewertet wird:

Und die, die so 'nen bisschen in zweiter Reihe stehen – ich nenne das mal bei den Fachhochschulen –, die versuchen sich auf ein Niveau zu bringen. Zumindest nach außen hin zu den Universitäten, und das ist für den Außenstehenden schwierig. Das war sicher leichter, klarer, Ansprechpartner zu haben im universitären Bereich, und es war sicher auch wichtig zu wissen, dass die Fachhochschulen halt die Mitarbeiter ausbilden, die dann das Tagesgeschäft erledigen müssen.

Dass sich dennoch die neuen Studienabschlüsse in kurzer Zeit so stark verbreiten konnten, führt der Befragte in erster Linie auf den politischen Willen zurück. Auch die Tatsache, dass sich politische Entscheidungsträger nicht mit den Fachdetails einzelner wissenschaftlicher Disziplinen befassen können, hat in seinen Augen den Institutionalisierungsprozess begünstigt:

Ich bin mir auch sicher, dass das Wissen, dass die Kenntnisse über diese Studiengänge, dass die gelinde gesagt, sehr unterschiedlich sind. (…) Und man argumentiert viel mit Halbwissen, zum Teil auch mit völliger Unkenntnis (…) und es ist ja auch so, dass die Politik, dass die handelnden Personen doch überwiegend von ihrer beruflichen Ausbildung her aus der Geisteswissenschaft, aus dem Bereich Juristerei oder Pädagogik kommen, und jeder Mensch arbeitet oder handelt nach seinem Erfahrungshorizont. Also dann denke ich, dass dort vielleicht Aspekte, die aus anderen Berufsrichtungen kommen, nicht ganz so berücksichtigt werden, wie es sein sollte.

Eine konkrete Auswirkung der Reform auf die Gestaltung der ingenieurwissenschaftlichen Studiengänge zeigt sich bspw. in der inhaltlichen Gestaltung der Module und den erforderlichen Prüfungen:

Sie haben ja das Problem, Sie müssen sich entscheiden, ob Sie große Module bilden mit mehreren Fächern oder kleinere Module und dann entsteht das erste Problem. Wenn Sie mehrere Fächer zusammenlegen, dann wird die Modulprüfung recht lang, weil man die Anzahl der Prüfungen ja reduziert hat. Dann entstehen natürlich gigantisch lange Prüfungszeiten. Was für den Studenten erst einmal ungünstig ist, aber die Studierenden haben natürlich damals, als dieser Reform-Prozess begann, sehr darauf geachtet, dass die Anzahl der Prüfungen begrenzt ist und jetzt entstehen die langen Prüfungszeiten. (…) Also das sind Dinge, die dann Probleme bereiten mit der Zeit.

Die skizzierten Probleme scheinen auf das Ingenieurstudium in besonderem Maße zuzutreffen, wie die folgenden Aussagen belegen. Tiefgreifende Veränderungen zu implementieren – wie es die Bologna-Reform im Rahmen der Hochschullehre vorsieht – scheint besonders schwierig zu sein, wenn das Fach inhaltlich traditionell sehr festgefügt und die einzelnen Subeinheiten eng miteinander verzahnt sind:

Wie im klassischen Schulsystem baut bei so einem Ingenieurstudiengang eins aufs andere auf. Wenn Sie jetzt zum Beispiel von dem bisherigen System auf so eine Art Projektarbeit umstellen, was erst mal durchaus interessant klingt und ein tolles Konzept ist, aber erstens ist die Frage: Hält das der Hochschullehrer durch? Schafft er das dann mit diesem völlig neuen Konzept dieselben Inhalte wieder zu vermitteln? Und das zweite ist, was passiert drumherum? Und in diesem Konfliktbereich, also die einen, die gerne viel ändern wollen, die vielleicht den Mund auch zu voll nehmen und die anderen, die am liebsten nichts ändern wollen. Da kommt man sehr schnell an den Punkt, wo es einfach sehr schwer weitergeht.

Auch wenn sich der Befragte grundsätzlich zu der Reform ‚bekennt' und die Ziele innerhalb der Bologna-Debatte als durchaus begrüßenswert erachtet, beurteilt er die bildungspolitischen Veränderungen in seinem ingenieurwissenschaftlichen Fach als zu massiv. Statt einer großen Reform durch einen politischen „Bombenwurf" wären nach Auffassung des Befragten kleine schrittweise Veränderungen in den Studiengängen die angemessenere Lösung gewesen:

Also ich bin der Meinung sie ist… die Reform geht zu weit. Vielleicht strukturell verlangt sie ein bisschen zu viel. Es hätte meiner Ansicht nach in kleinen Schritten erfolgen sollen, also nicht sofort die endgültige Lösung suchen, sondern man hätte wirklich zunächst mal vielleicht diese Modularisierung der vorhandenen Studiengänge anfangen sollen und sich mehr Zeit lassen sollen.

Weitere Strukturen, die mit der Umstellung auf die neuen Abschlüsse verbunden sind, wie etwa das Akkreditierungswesen, benötigen aus Sicht des

Befragten ebenfalls mehr Zeit, damit sich alle Akteure an die neuen Regeln gewöhnen können. Gleichzeitig ist sich der Befragte darüber im Klaren, dass sich die neuen Strukturen mittelfristig vermutlich soweit institutionalisieren, dass sie als selbstverständlich wahrgenommen werden:

Ich denke, dass das auch das Grundproblem der Reform ist, dass sich die regionalen Erfahrungen der einzelnen Länder innerhalb der EU da nicht mehr widerspiegeln. Zumindest das Akkreditierungswesen. Das hat in Deutschland keine Tradition. Wir hatten das vorher noch nicht. Das muss alles erst mal nach und nach akzeptiert werden, ganz viele Dinge, die wir eigentlich nicht hatten, die erst allmählich entstehen müssen. Wir müssen uns dran gewöhnen und dann wird das auch irgendwann funktionieren, aber das hätte, meiner Ansicht nach, langsamer gehen können.

Dem Professor ist jedoch auch klar, dass sich in Zukunft, wenn sich die neuen Abschlüsse durchsetzen, die Beibehaltung der Diplomstruktur als Sackgasse erweisen könnte/würde:

(...) wenn sich das in der Industrie allmählich durchsetzt, wenn die Akzeptanz wächst, wenn sich da herumspricht, dass diese Abschlüsse auch funktionieren, dann müssen wir reagieren. Dann wäre ja der Diplom-Ingenieur eigentlich, der ja eine längere Studienzeit bedeutet und auch im Tariflichen ein bisschen höher eingegliedert ist, dann wäre er nicht mehr konkurrenzfähig, dann müssten wir relativ schnell reagieren. Das sehen wir auch so. Wir versuchen jetzt also einfach aufmerksam zu sein und schauen, so lange die Studienanfängerzahlen noch so sind wie jetzt. Dann ist das für uns in Ordnung, aber sobald das sich ändert, müssen wir ganz schnell reagieren. Das wissen wir.

Zu diesem Zweck kontrolliert der Fachbereich regelmäßig die Bewerberzahlen und befragt die Neulinge, welche Gründe sie zur Wahl des Studienortes bewogen haben. Bisher deuten die Ergebnisse darauf hin, dass die Studierenden in erster Linie aufgrund des Diplomabschlusses den Studienort gewählt haben. Ebenso spielt eine gewisse regionale Nähe zu der betreffenden Hochschule eine Rolle, was wiederum mit dem Internationalisierungsargument der Bologna-Reform im Widerspruch steht. Nach Auffassung des Befragten ist der internationale Aspekt für Fachhochschulen nicht ganz so zentral wie für Universitäten, aber er gewinne dennoch an Bedeutung:

Also er nimmt zu. Das muss man sehen und die sind für Fachhochschulen nicht von der gleichen Bedeutung, ja. Also an Universitäten ist das nochmal 'ne Nummer wichtiger und auch bei uns nimmt es mittlerweile zu, weil einfach auch die Ingenieurbüros viel stärker international tätig sind als früher, aber es ist ja klar, dass der regionale Bezug schon viel höher zu bewerten ist.

Mit der steigenden Anzahl der Studierenden wird gelegentlich auch eine Absenkung der Studienanforderungen diskutiert, die gerade im ingenieurwissenschaftlichen Bereich als sehr kritisch betrachtet wird. Der Befragte sieht vor dem Hintergrund seiner jahrzehntelangen Berufserfahrung vor allem die Hochschulen in der Pflicht, sich auf diese Änderungen inhaltlich entsprechend einzustellen:

Also das mit dem Absenken, das ist jetzt ein bisschen mit Vorsicht zu sehen. Wir müssen die Anforderungen wirklich ändern. Ich merke, dass ich z.B. nicht mehr weiß, was ich von einem Abiturienten voraussetzen kann. Und selbst innerhalb einer Stadt werden Sie sehen, dass zwischen den unterschiedlichen Gymnasien die Wissensvermittlung in Grundfächern, wie zum Beispiel Mathematik, nicht gleich ist. Und ich denke, da hat die Politik Recht, eine Reform würde auch bedeuten, dass wir auch die Inhalte anpacken müssen und wir machen's nicht. Der einzelne Hochschullehrer tut sich ganz schwer alte Inhalte rauszuschmeißen und durch Dinge zu ersetzen, die jetzt aktuell sind.

Mit Blick auf die Zukunft resümiert der Befragte die aktuellen Veränderungen durchaus positiv im Sinne einer kontinuierlichen Anpassung der Hochschullandschaft an sich ändernde Umweltbedingungen:

Also ich sehe es als Prozess mit der Überschrift Bologna und ich glaube, dass dieser Prozess nicht aufhören wird. Hochschulausbildung ist ständig Änderungen ausgesetzt. So glaub ich das auch bei dem Bologna-Prozess. Die Erfahrungen, die die Generation sammelt, die jetzt das erste Mal so einen Abschluss hatte, die wird sich dann in zwanzig Jahren wieder ein Stück weiterentwickeln, weil dann wieder eine neue Generation nachwächst. Und ich glaube, dass der Prozess sinnvoll ist und richtig und wir den auch benötigen. Wie gesagt, vielleicht mit ein paar mehr strukturellen Dingen, die auch regional Bezug haben. Ein bisschen mehr auf vorhandene Erfahrungen Rücksicht nehmen, aber sonst, denke ich, das ist eine gute Sache.

Fallbeispiel 3: Bauingenieurwesen

Der dritte Diplomstudiengang wird neben anderen Masterstudiengängen im Bereich Bauingenieurwesen angeboten. Die vorhandenen Studienangebote wurden Anfang der 1990er Jahre komplett neu konzipiert. Der Diplomstudiengang weist eine Regelstudienzeit von acht Semestern auf und verfügt über ein dreisemestriges Grundstudium, das für alle Studierenden einheitlich ist. Dann folgt ein zweisemestriges Studium, in dem bereits Vertiefungsrichtungen vermittelt werden sollen. Die letzten drei Semester umfassen explizite Vertiefungsrichtungen, die auch in vergleichbaren Studiengängen recht verbreitet sind. Gleich zu Beginn äußert sich der Befragte zur Beibehaltung des Diploms wie folgt:

Ich will die Masterstudiengänge nur erwähnen, um klar zu machen, dass wir nicht der Meinung sind, das Diplom ist das allein selig machende, und alles andere fassen wir gar nicht an; sondern wir haben bereits wie gesagt Master-Studiengänge als ergänzendes Angebot.

Der Befragte begrüßt grundsätzlich die Bologna-Reform, die in seinen Augen den notwendigen Anstoß zur Weiterentwicklung der nunmehr über 20 Jahre alten Studiengänge gegeben hat:

Und das bringt natürlich so gewisse Alterungserscheinungen und Modernisierungsbedarfe dann trotzdem mit sich. Und in der Phase sehen wir uns jetzt seit ein paar Jahren; und da ist sicherlich auch durch die Bologna-Debatte ein gewisser Wind hereingekommen (…). Und ich denke, es führt kein Weg dran vorbei, dass auch der Bildungsmarkt sich globalisiert und man da zumindest über einheitliche Standards nachdenken muss. Und das ist ja mit der Bologna-Reform passiert.

Grundsätzlich begrüßt der Befragte die Reformideen und sieht auch einige zentrale Vorteile in den neuen Vorgaben:

Der größte Vorteil aus meiner Sicht des Bologna-Prozesses ist eigentlich der Umstieg von einem einstufigen auf ein zweistufiges Studiengangmodell, das also es ermöglicht, etwas detaillierter sozusagen auf einzelne Studierende, auf deren Wünsche, auf deren Fähigkeiten auch einzugehen. Im Diplomstudium ist es halt so, es gibt eine Hürde, da müssen alle rüber. (…) In dem Bachelor-Master-Modell hat man grundsätzlich die Möglichkeit zu sagen, wer sich sozusagen mit dem Bachelor-Anforderungsniveau ausgelastet fühlt, der hat damit einen vollwertigen berufsbefähigenden Abschluss. Wer Ambitionen hat sozusagen noch höhere wissenschaftliche Weihen zu erlangen, auch als Sprungbrett für entsprechend anders orientierte Karrieren hinterher, der hat mit dem Masterabschluss die Möglichkeit sich von dem Bachelor ein Stück weit noch mal abzuheben. Also, die Möglichkeit, sozusagen die Bandbreite in den Interessen und in der intellektuellen Leistungsfähigkeit der Studierenden besser gerecht zu werden, das ist für mich eigentlich der große Vorteil.

An anderer Stelle führt er weitere Vorteile an, die aus seiner Sicht durch die Bologna-Reform ermöglicht werden:

Was ich grundsätzlich auch begrüße, ist, dass damit sozusagen noch mal ein Nachdenken über die heutige Vorstellung von einer qualitätsvollen Hochschullehre verbunden ist; eine Fragestellung, die eigentlich ja unabhängig vom Abschluss in regelmäßigen Abständen gestellt werden müsste, wo wir als Hochschulen eigentlich regelmäßig uns selber fordern müssten oder gefordert werden müssten.

Ein weiteres Thema, das den Befragten in der Bologna-Debatte sehr beschäftigt, ist die Fokussierung auf die Bezeichnung von Abschlüssen, während die eigentliche inhaltliche Debatte um gute Studienqualität in seinen Augen deutlich zu kurz kommt:

Ich habe den Eindruck, dass die Diskussion um den Bologna-Prozess immer sehr stark dominiert wird durch den Wechsel bei den Abschlüssen auf Umstellung von Diplom auf Bachelor oder Master und das vor dem Hintergrund häufig die inhaltliche Diskussion vernachlässigt wird (…).

Kritisch schätzt der Befragte die neue Festlegung von Regelstudienzeiten und der damit verbundenen faktischen Studienzeitverkürzung ein:

(…) der Zeitdruck ist deutlich gestiegen, und der Freiraum, den man früher im akademischen Bereich immer so geschätzt hat, doch weitgehend nach eigenem Gusto sich für dieses und jenes interessieren zu können und solange Papa das bezahlt hat oder wer auch sonst, sich dem Druck der Regelstudienzeit nicht unbedingt unterziehen zu müssen. Und dieser Druck ist ganz spürbar größer geworden. Und ist aus meiner Sicht der Grund für einen guten Teil der Kritik, die dann pauschal mit dem Bologna-Prozess sozusagen assoziiert wird.

Diese Einschränkung von Flexibilität und Straffung der Studienzeiten würden sich nach seiner Auffassung auch negativ auf den studentischen Lernerfolg und den persönlichen Reifungsprozess während des Studiums auswirken:

Wenn man den Lernerfolg an der Anzahl der Semester bemisst, dann ist es eine einfache Rechnung. Aber was immer wieder klar wird, in Diskussionen mit Leuten aus der Praxis, die also unsere Absolventen als Arbeitskräfte übernehmen, ist das Argument, die Leute sind noch nicht richtig reif. Die haben zwar was gelernt, aber es fehlt ihnen Lebenserfahrung, Souveränität, ein gewisses Gespür dafür, worauf es im wirklichen Arbeitsleben ankommt. Und das wird in Zusammenhang gebracht mit der Beschleunigung des Studiums und mit dem geringeren Alter, mit dem dann die Absolventen auf den Arbeitsmarkt kommen.

Bei der Umstellung der Studiengänge auf die zweistufige Struktur spielten laut Aussage des Befragten die Landesministerien in der Regel eine zentrale Rolle, indem sie den einzelnen Hochschulen entsprechende Vorgaben erteilten, die

Strukturen innerhalb eines bestimmten Zeitraumes umzustellen. In diesem Fall hat sich der Fachbereich mit seiner ‚Blockadehaltung' zwar auf viel Gegenwind aus dem Ministerium eingestellt, aber de facto blieb der erwartete Druck seitens der Politik – überraschenderweise – aus:

> Wir als Fachbereich haben uns ja eigentlich zunehmend gewundert die letzten Jahre, dass dieser erwartete Druck von Seiten der Politik, mit dem wir gerechnet haben als Verweigerer, dass der bislang nicht spürbar eingetreten ist. Also, wir haben uns noch nicht ein einziges Mal gegenüber dem Ministerium explizit rechtfertigen müssen für den Umstand, dass wir immer noch das Diplom anbieten. Da sind sicherlich die Studentenproteste von 2009 ganz hilfreich gewesen, wo dem Bologna-Prozess doch mächtig der Wind ins Gesicht gestanden hat, und seitdem die Politik mit Druckmaßnahmen vorsichtiger geworden ist.

Bei der konkreten Umsetzung der Bologna-Vorgaben herrschte unter den Kollegen zunächst eine gewisse Ratlosigkeit, weil kaum jemand Erfahrung mit der zweistufigen Studienstruktur aufwies. Nur vereinzelt konnten Kollegen dank ihrer eigenen Auslandserfahrungen berichten und dafür sensibilisieren, dass auch im angloamerikanischen Sprachraum eine relativ große Heterogenität in der Landschaft der Bachelor- und Masterabschlüsse vorherrscht. Diese Heterogenität in den Studienabschlüssen hängt nicht zuletzt mit der zunehmenden Heterogenität der Studierenden zusammen, die mit unterschiedlichen Eingangsvoraussetzungen in das Studium eintreten. Das bekommt auch die untersuchte Hochschule zu spüren. Gleichzeitig erhöht sich der Druck auf die Fachbereiche, für ausreichende Studierendenzahlen zu sorgen, um die Studiengänge auch tatsächlich auszulasten:

> Wir machen zum Beispiel die Erfahrung als Fachbereich Bauingenieurwesen, dass wir konjunkturbedingt vermutlich wir jetzt über längere Zeiten unsere Studienplätze nur knapp vollgekriegt haben, um es einmal so flapsig zu sagen, was ja nichts anderes heißt, dass wir nahezu jeden, der Bauingenieurwesen studieren will, egal mit welchen Kenntnissen er aus der Schule kommt, grundsätzlich nehmen müssen. (...) Die Schwundquote, die man früher vielleicht über die Statistik ausgerechnet hat, aber ansonsten nicht weiter darüber nachgedacht hat oder sich das vielleicht sogar als besonderes Qualitätskriterium auf die Fahnen geschrieben hat, so nach dem Motto, ‚Durch unseren Studiengang kommen nur die Allerbesten durch, die anderen bleiben auf der Strecke' – dass das heutzutage ja doch deutlich anders gesehen wird, (...) sodass dieses Ausleseprinzip früherer Jahre heute eher als Makel denn als besonderer Qualitätsausweis gesehen wird.

Trotz der viel diskutierten zunehmenden Hochschulautonomie deutet sich vor diesem Hintergrund für die Hochschulen ein immer engerer Gestaltungsspielraum an, der dadurch reduziert wird, dass einerseits die Zulassungsvoraussetzungen für ein Hochschulstudium gesenkt werden und andererseits der ökonomische Druck auf die Hochschulen wächst:

Ja, also es ist schon so, dass aus unserer Sicht, die Politik mag das anders sehen, aus unserer Sicht, dass das Gefüge von Entscheidungsbefugnis einerseits und die Verantwortung dafür, was man entscheidet, was ja eigentlich sehr eng zusammen hängen muss, dass dieses Gefüge an manchen Stellen ein bisschen aufgelöst wird. Dass wir also quasi gezwungen werden, Leute zu nehmen, sei es in einem grundständigen, sei es im Masterstudiengang, von dem wir denken, dass er dafür nicht, er oder sie, nicht in Frage kommt und dann aber hinterher daran gemessen werden, ob wir denjenigen trotzdem zum Abschluss führen, ohne dass wir da für unterstützende Maßnahmen – ich hatte da ja eben unser Projekt der Studieneingangsphase angesprochen – immer die entsprechenden Ressourcen auch bekommen.

Andererseits wird eingeräumt, dass durch zahlreiche Förderinitiativen auch zusätzliche Mittel in die Hochschulen geflossen sind, die für die zusätzliche Optimierung der Studienbedingungen genutzt werden können:

Aber zum Glück können wir einiges aus Hochschulpaktmitteln finanzieren. (…) Ich sage mal, solange man dann doch solche Freiräume wieder hat, zu reagieren auf diese politischen Vorgaben, geht's ja dann wieder.

Als zentraler Faktor bei der Übernahme bzw. Verweigerung der neuen Studienstruktur erweist sich die Position der Hochschulleitung. Das, was die Hochschulleitung vorgibt, scheint für die jeweiligen Strategien der Studiengangverantwortlichen maßgeblich zu sein. Auch im vorliegenden Fall wurde die Haltung der Hochschulleitung als maßgeblicher Faktor für die Beibehaltung des Diploms angeführt:

Wir haben, da kann ich mich gar nicht beklagen, wir haben in den letzten Jahren Hochschulleitungen gehabt, hier bei uns ganz speziell, die eben diesen differenzierten Blick auf den Bologna-Prozess durchaus mitgetragen haben; die also keinen, aus meiner Sicht jetzt, ungewöhnlichen Druck auf die Fachbereiche ausgeübt haben, möglichst schnell umzustellen, um nach außen … ich meine die Hochschulleitung ist ja nun mal das Scharnier zwischen der Hochschule und (…) dem Ministerium. (…) Also wir haben das Glück eine relativ kleine Hochschule zu sein, wo man den Präsidenten noch persönlich kennt und in der Mensa auch mal Schwätzchen halten kann, also in der Richtung, dass man da interne Feindbilder oder Gegnerschaften hätte, diese Situation kann ich für unsere Hochschule nicht bestätigen.

An anderer Stelle ergänzt er:

Der vorherige Rektor war ein Kollege aus meinem Fachbereich, also ein Bauingenieur, der eigentlich sogar uns unterstützt hat bei unserer zögernden Art und Weise, wie wir den Bologna-Prozess aufgenommen haben (…) also da haben wir durchaus Unterstützung und Rückendeckung von der Hochschulleitung gehabt. Möglicherweise hat uns das auch sozusagen überhaupt es erst ermöglicht, deutlich über den Stichtag 2010 hinaus dahingehend haltenden Widerstand zu leisten. Das ist klar, wenn die eigene Hochschulleitung einem permanenten Druck macht, unter Hinweis auf die politischen Vorgaben, dann kann man dann irgendwann als Fachbereich einknicken und sagen, ‚Na gut, sei's drum, dann machen wir es eben, stellen wir um'.

Dieses Fokussieren auf die Positionierung der Hochschulleitung während Veränderungsprozessen wurde auch in anderen Hochschulstudien beobachtet (Schütz und Röbken 2013; Röbken und Schütz 2016). Der Fallstudie lässt sich zudem entnehmen, dass der Fachbereich durchaus für den Ernstfall gewappnet war und im Zweifelsfall schnell eine Notfalllösung ‚aus dem Hut zaubern' hätte können. Zur Sicherheit stand ein Plan B bereit, der dann zum Einsatz gekommen wäre, falls der Fachbereich dem Druck zur Einführung der neuen Studienstruktur nicht hätte standhalten können. Dabei wird auch deutlich, dass eine derartige kurzfristige Überstülpung der neuen Struktur im Ergebnis wohl eher oberflächlich ausfiele, das heißt ohne tiefergreifende Veränderungen in den Lehr-Lern-Verhältnissen nach sich zu ziehen:

Wir haben unseren Diplomstudiengang zumindest intern modularisiert, sage ich mal, modularisiert in Gänsefüßchen. Wir haben das natürlich auf eine ähnlich oberflächliche Art getan, wie vermutlich viele Hochschulen, die bei der Umstellung sehr schnell waren. Dieser Ansatz, die SWS einfach in Credits umzumodeln; zu versuchen, möglichst, die Struktur des Diplomstudienganges in den Bachelorstudiengang rüber zu hieven, und da man ja Zeit braucht, dann möglicherweise ein Praxissemester zu streichen, damit das einfach passt.

Umgesetzt hat der Fachbereich diese oberflächlichen Planungen allerdings nicht. Sie halfen dabei, zeitlichen Spielraum zu nutzen, um eine tiefergreifende inhaltliche Änderung an den Studiengängen und deren Inhalten vorzunehmen:

Ich bin froh, dass wir sozusagen diese ersten, recht oberflächlichen Planungen dann nicht gleich umgesetzt haben, weil wir dadurch Zeit gewonnen haben, uns einfach auch klar zu machen, dass sozusagen die inhaltliche Überarbeitung unseres Curriculums wichtiger ist.

Einerseits wählen einige Studierende die Hochschule aufgrund des angebotenen Diplomstudiengangs. Andererseits sind die Studiengangverantwortlichen sich darüber im Klaren, dass der Diplomabschluss auch vollkommen an Bedeutung verlieren kann, wenn sich flächendeckend die Bachelor- und Master-Abschlüsse behauptet haben.

Auf der anderen Seite sehe ich die Gefahr, wenn wir weiterhin uns zurücklehnen und sagen: ‚Ach, mit unserem Diplom, da sind wir ja nach wie vor gefragt und da brauchen wir über was anderes gar nicht nachdenken‘, dass irgendwie der Zeitpunkt kommt, wo das alles umkippt und sich der Arbeitsmarkt, ob bereitwillig oder nicht, auf die Bachelorabsolventen eingestellt hat, und wo auch die ersten Bachelorabsolventen dann in Personalverantwortung kommen, wo es dann plötzlich heißt: ‚Was, Diplom? Das ist doch was aus dem letzten Jahrhundert, solche Leute können wir nicht brauchen‘.

Letztendlich versucht der Fachbereich vor dem Hintergrund dieser widersprüchlichen Erwartungen der Politik, der Praktiker sowie der Studierenden eine Kompromisslösung umzusetzen, die die als sinnvoll erachteten Reformelemente des Bologna-Systems integriert und in die erfolgreiche Marke „Diplom“ überführt:

Wir müssen auch sicherstellen, (…) dass wir trotzdem eine zeitgemäße Ausbildung betreiben, dass wir trotzdem die qualitätssichernden Aspekte des Bologna-Prozesses ernst nehmen, dass wir beispielsweise auch bereit wären, einen Diplomstudiengang akkreditieren zu lassen, bei aller Kritik an Akkreditierungsverfahren die es natürlich gibt, aber grundsätzlich halte ich das für etwas Sinnvolles, dass wir also klarmachen, alles was wir gut finden am Bologna-Prozess, das haben wir übernommen, das machen wir, das betreiben wir ganz aktiv, aber aus bestimmten Gründen, die wir auch, für die wir gute Argumente haben, vergeben wir trotzdem das Diplom.

Und mit der Beibehaltung des Diploms kann der Fachbereich – noch – auch Aufmerksamkeit auf sich ziehen und im Wettbewerb um Studierendenzahlen ein deutliches Profil kommunizieren:

Es erregt Aufmerksamkeit, ganz klar. Und gerade diejenigen, die nicht zu den glühenden Verfechtern des Bachelor-Master-Modells zählen, das sind die, die uns auf die Schultern klopfen. Ja, und wenn man dann in die tiefere Diskussion einsteigt, so wie wir das jetzt in eineinhalb Stunden gemacht haben, dann sieht man, das die wahren Probleme an anderer Stelle liegen und nicht an den Abschlusstiteln kleben.

Fazit: Die Stärken resistenter Strukturen

4

In Deutschland werden noch rund 60 grundständige Studienangebote mit einem Diplomabschluss vorgehalten (Die Zeit 14. April 2016), wenn auch vielerorts längst schon im auslaufenden Modus. Dennoch ist rund zwanzig Jahre nach Einführung des Bologna-Systems der Prozess der Harmonisierung der Studienfächer und -abschlüsse nicht abgeschlossen. Die diskutierten Beispiele ingenieurwissenschaftlicher Fachbereiche, die aus der Regel fallen, bieten für eine differenzierte Beurteilung des allseits beschworenen Wettbewerbs von Studienstandorten und Studiengängen anschauliches Material.

Wie die Darstellung zeigt, sind in den untersuchten Fachbereichen verschiedene Suchroutinen hinsichtlich der Herausbildung von Studienkonzeptionen zu identifizieren. Diese setzen sich einerseits von der Bologna-Architektur ab, beziehen aber andererseits in modifizierter Form wesentliche Impulse aus jener in Teilen abgelehnten Hochschulreform planerisch ein. Die mehr oder minder ausgeprägte Ablehnung der Bologna-Struktur als Gesamtkonzept ist jedenfalls nicht pauschal als Ausdruck hochschultypischer Veränderungsunfähigkeit zu erkennen (zur Problematik der Veränderung von Hochschulen: Hanft 2000; Kühl 2007).

Das Organisationsverhalten ist stattdessen auf die Herausbildung eigener Reformwege ausgerichtet. Pointiert gesprochen wird unterstützend zur argumentierten Ablehnung fallspezifisch die Initiierung von Alternativen vorbereitet. Die Darstellungen der Studiengangverantwortlichen lassen erkennen, dass die Erhaltung der Diplom-Angebote zwingend mit Formen ihrer ‚Renovierung‘ einhergehen muss. Die Fachbereiche suchen nach Wegen, ihr (partielles) Resistenzverhalten gegenüber einer vollständigen Bologna-Strukturierung mit eigenen Änderungsmaßnahmen zu legitimieren und sich abzusichern. Diffuse Verweigerungshaltung erscheint als eine nicht opportune, da nicht begründungsfähige

© Springer Fachmedien Wiesbaden GmbH 2017
M. Schütz et al., *Lokaler Boykott der Bologna-Reform,* essentials,
DOI 10.1007/978-3-658-19393-5_4

Reaktion. Stattdessen werden Elemente der Bologna-Reform für eigenständig lancierte Reformmaßnahmen adaptiert.

Die Fachbereiche haben bei ihren vor Ort koordinierten alternativen Reformmaßnahmen für sie relevante Anspruchsgruppen vor Augen. So wird auf den fehlenden Druck zur Umstellung aus der Wirtschaft hingewiesen. Damit greifen die partiellen Reformverweigerer ausgerechnet die zum Teil stark marktliche Argumentation der Bologna-Vordenker auf, um eigene Vorbehalte zu rechtfertigen. Sie bedienen sich mithin gerade jener Begründung, die in Diskussionen um die Bologna-Studiengänge mit Blick auf ökonomischen Wettbewerb eine beträchtliche Rolle spielt. Während die durchaus marktwirtschaftlich forcierte Bologna-Reform eine faktische Eingrenzung bzw. Normierung der Studienarchitektur bewirkt, nehmen sich die lokal resistenten Fachbereichsentscheider die Freiheit, die Angebotspalette über die Steuerungslogik des Bachelor-Master-‚Marktes‘ hinausgehend zu erweitern. Ein anfänglich naheliegender Verdacht der Rückwärtsgewandtheit wäre gerade aus ökonomischer Perspektive (Bereitstellung eines differenzierten und gerade nicht strukturnormativ begrenzten Angebots) nicht schlüssig. Die Verweigerung – die so gesehen ja eigentlich mehr eine Beteiligung am Markt ist – führt also nicht in einen Humboldtschen Rückzug à la ‚Einsamkeit und Freiheit‘, sondern wird mit einem ökonomischen Motiv fundiert. Der Hinweis auf die noch immer hohe Nachfrage nach den Alt-Studiengängen wird naheliegend nützlich zur eigenen Legitimation herangezogen – und kann aus Sicht eines akademischen Faches womöglich als das schlagende Argument überhaupt gelten.

Gleichwohl sind die ‚widerständigen‘ Fächer alles andere als unvorbereitet auf für sie mehr oder weniger repressive Entwicklungen in der Hochschulpolitik und ein künftig sich womöglich wandelndes Nachfrageverhalten. Es wird vorbeugend an Not- und Schubladenlösungen gefeilt, die im Falle einer oktroyierten Umstellung rasches Handeln erlauben. Dieses Verhalten bezeichnen wir – organisationstheoretisch reflektiert – als präventives Reformieren (Schütz und Röbken 2016, S. 111), bei dem die Sicherstellung von Stabilität für den Studiengang und das Bewahren von Gestaltungsautonomie der Fachbereiche im Vordergrund steht (zur Funktion von Organisationsreformen: Christensen et al. 2007; Brunsson und Olsen 1993; Brunsson 2006; Luhmann 1971b).

Die Nicht-Übernahme der Bologna-Strukturen geht also – was bemerkenswert erscheinen kann – begleitend mit einer Erstellung eigener Anpassungskonzepte einher. Dabei wird einschränkend betont, dass etwaige Lösungen gewiss oberflächlich blieben. Um den externen Ansprüchen Genüge zu tun, wird vorweg – im ‚abgesicherten Modus‘ – geplant, was in der Praxis (noch) unreif bleibt. Die mehr oder weniger demonstrierte Verweigerung zieht indes Aufmerksamkeit oder mindestens doch dezente Beobachtung durch andere Hochschulen auf sich, die ihrerseits die durchgeführte Umstellung mitunter skeptisch sehen. Zumindest wird mit dem Gedanken gespielt, die erfolgte vollständige Angleichung an das Bologna-System wieder rückgängig zu machen.

Als relevant gilt in dieser Situation die Hochschulleitung, die als durchaus handlungsstarke Lokalinstanz in puncto Bologna-Reform wahrgenommen wird. Das Verhalten der Hochschulleitung gegenüber den Fachbereichen bestimmt den Spielraum, die Bologna-Umstellung überhaupt ablehnen zu können. Mit anderen Worten, man muss es sich gegenüber seiner Hochschulleitung leisten können, das abzulehnen, was allen anderen alternativlos erscheint (mehr noch: man ihnen abverlangt, dass sie sich dieser Einschätzung der Alternativlosigkeit anschließen). Diese Arbeitsbeziehung der Fachbereiche mit gegenüber ihnen unhinderlich agierenden Hochschulleitungen ist insofern interessant, als den Hochschulleitern auch mehr informeller Einfluss beigemessen wird, als die formalen Dienstwege womöglich abbilden. Entweder ist diese leitungsorientierte Fokussierung einer etwas geglätteten (Insider-)Darstellung gegenüber (Insider-)Organisationsforschern geschuldet (Röbken und Schütz 2016, S. 148) oder die betreffenden Professoren beobachten ihre Hochschulleiter tatsächlich als starke Mitspieler (oder eher: Schiedsrichter), deren – insbesondere informellen – Rückhalt man nicht verlieren darf.

Bleibt sodann konkreter Umstellungsdruck seitens der Hochschulleitung aus, bieten sich Erfolgsaussichten für dauerhafte Resistenz und zur Lancierung alternativer Reformen, die den Mangel an Umsetzungsbereitschaft kompensieren. Als hilfreich erweisen sich dabei persönliche Kontakte der Fachverantwortlichen zu den Hochschulleitern, um sich miteinander auf dem kurzen Dienstweg zu arrangieren. Die Rolle der Hochschulleitung kann aber über eine passive Duldung von Resistenz hinausgehen und in aktive Formen beinahe dezenter Kollaboration mit den Verweigerern wechseln. Dies geschieht vermutlich dann, wenn die Hochschulleitung etwaigen politischen Druck selbst erfolgreich abfedern kann und bei einer Verhinderung aufschiebender Maßnahmen der Fächer sich zumindest als nicht sonderlich aktiv erweist. Hochschulleitungen halten in diesem Fall gewissermaßen die schützende Hand über die Fächer, die diese vor Änderungsdruck bewahrt. Es gab an verschiedenen Fachbereichen (auch außerhalb der beforschten Ingenieurwissenschaften) im Übrigen Hinweise auf mikropolitische Spiele (Neuberger 2002) des Entscheidungs- bzw. Führungspersonals der Fächer und der Hochschulverwaltung (Schütz und Röbken 2016, S. 107 f.).

Begünstigt wird Resistenz durch Schwankungen in der Aufmerksamkeitsökonomie, die zu unterschiedlichen Beobachtungs- bzw. Dringlichkeitsrelevanzen aufseiten der Bologna-Umsetzer bzw. der politischen Entscheidungsebene führen.

Fristen werden durch andere Fristen konterkariert (Luhmann 1971a, S. 146–149). Absorbieren erst einmal vordringlichere Baustellen – u. a. waren es Probleme in der Schulpolitik eines Bundeslandes – die Aufmerksamkeit der Politik, stehen die Chancen nicht schlecht, am Hochschulstandort wieder eine Weile in Ruhe gelassen zu werden.

Auch eine positive Außenwirkung, die hohe disziplinäre Reputation eines traditionsreichen und – noch einmal sei dies hervorgehoben – schlicht aus der Wirtschaft besonders nachgefragten Qualifikationsmerkmals einer Fachgruppe wie der Ingenieurwissenschaften, erlauben es, dass deren Vertreter sich offenbar unbotsamer verhalten können, als Kollegen anderer Fächer, die ggf. mit anderen bzw. stärkeren Legitimationsanforderungen konfrontiert sind. Dies führt zu einer aufschlussreichen Annahme: Offensichtlich bestehen Unterschiede zwischen den Disziplinen hinsichtlich der Durchsetzungsfähigkeit pro oder contra Studienreformen, abhängig von regionalen, binnen- und außerwissenschaftlichen Anspruchsgruppen, die besondere Geltung für die Hochschule aufweisen – und insofern ihren gewissermaßen systemischen Eigenerhalt schwächer oder stärker behaupten können. Die Parallelen der Medizin, Rechtswissenschaft und Theologie drängen sich auf. Diese Fächer haben bis auf spezifische Ausnahmen ihrerseits die Bologna-Reform verweigert. In den Ingenieurwissenschaften scheint ein nicht eben schwaches Potenzial zu bestehen, sich mit hauseigenen Lösungen gegen den Trend auf dem ‚Markt' der Hochschulbildung positionieren zu können und es überhaupt zu dürfen (Odenbach und Krauthäuser 2015).

Indes, wie gesagt, bei alledem bleibt den ‚Resistenten' nicht verborgen, dass sich ihre Nicht-Imitation der Bologna-Struktur im Laufe der Zeit durch Assimilation zunehmend aufzulösen droht. Ein allmählich merklich zunehmender Umstellungsdruck, aber auch die Anpassung an die Bologna-Struktur in Form ‚softer' Modularisierung bewirken möglicherweise eine sukzessive Adaption, der man sich (noch) mit besonderen Eigenlösungen zu erwehren sucht. Wie lange man damit Erfolg hat, bleibt aus Sicht aller Betroffenen unklar. Doch sind die Entscheider allesamt Realisten – steter Tropfen höhlt den Stein.

Neben der ausgewählten Gruppe wurden auch Fachbereiche der Sozial- und Wirtschaftswissenschaften interviewt, die ihrerseits ein Diplom-Angebot fortführen (Schütz und Röbken 2016). Ein wesentlicher Grund für ein dereinst doch drohendes Nachgeben wird dort in den großen Mühen gesehen, die mit permanenter Verweigerung gegenüber einer Mehrheitspraxis einhergehen. Ständiges Gegenhalten und Aussitzen begünstigen einen lethargischen und lähmenden Zustand, der früher oder später ein Aufbröckeln der Verweigerungsfront bewirken kann. Neben der berühmt-berüchtigten Reformmüdigkeit muss eben auch mit Verweigerungsmüdigkeit gerechnet werden. Womöglich ist das auch den zuständigen Landesministerien bewusst, die einfach auf automatische Lösungen qua Zeit setzen und ihre Aufmerksamkeit allein auf die Masse richten. Solange die betreffenden Fachbereiche mit ihrer Verweigerung in der Hochschullandschaft nicht hausieren gehen, spielen sie für die Hochschulpolitik ihrer Länder keine Rolle und werden nicht als Störung, sondern allenfalls politisch insignifikante Strukturabweichung beobachtet.

Institutionell reflektiert kann die Nicht-Imitation – wie ein Fachvertreter es mit seinen Worten sagt – nach einiger Zeit womöglich vom Vor- zum Nachteil werden; nämlich dann, wenn die Erwartungshaltung gegenüber der Institution des Hochschulabschlusses sich von einer Bologna-skeptischen Position in eine Bologna-konforme wandelt. Die relevanten Anspruchsgruppen der Umwelt können dann allmählich konträre Erwartungen adressieren, die eine weitere Bewahrung der ‚alten‘ Institution des Diploms unmöglich macht bzw. mit der Zeit rückständig erscheinen lässt. Einstweilen aber sind weitere Rückbewegungen keineswegs ausgeschlossen, wie sich jüngst am Beispiel der Technischen Universität Ilmenau zeigt. Diese hat im Rahmen eines „Modellversuchs" unter dem Slogan „Dipl.-Ing. Next Generation" das bereits eingestellte Diplomstudien-Angebot in den Fächern Elektro- und Informationstechnik wieder eingeführt (TU Ilmenau 2016). Zumindest lokal ist damit ein Beleg erbracht, dass auch tiefgreifende Umstellungen nicht ausschließlich zur passiven Verweigerung, sondern zur höchst aktiven Wiederbelebung führen können. Dieses – zugegeben singuläre – Szenario stützt den Befund der Interviewreihe, wonach die Stärke der lokalen Strukturen sich gegenüber globalen Reformagenden beträchtlich behaupten kann. Die eine Frage ist, ob und welche Sinnzuschreibungen man der lokalen Reformverweigerung zuerkennt. Eine ganz andere ist indes, ob und inwieweit ein Vermögen (personelle, also kognitive und erfahrungsmäßige Ressourcen) besteht, welches die Fachbereiche zu subtilem Widerstand befähigt. Nicht wenige empirische Eindrücke lassen vermuten, dass wir Reformbereitschaft und Reformverweigerung in engem Zusammenhang mit den besonderen lokalen und personellen Ausgangsbedingungen diskutieren, also konkret die vor Ort anzutreffenden Köpfe, die vorherrschenden Vorstellungen und die tatsächliche Durchsetzungsfähigkeit beachten müssen.

Grosso modo zeigen die Hochschulbeispiele ‚Gegenreformen‘ mit ungewissem Ausgang. Natürlich lässt die Interviewreihe keine pauschale Generalisierung hinsichtlich weiterer, nicht beobachteter Fälle zu. Die verbliebenen Diplom-Angebote sind im Vergleich mit der Quote der erreichten Umstellung quantitativ unbedeutend. Gleichwohl bieten die hier diskutierten qualitativ-empirischen Ortsaufnahmen eine instruktive Detailsicht auf die eingeübten Taktiken und Regeln lokaler Reformresistenz oder: des ‚lokalen Boykotts'. Das Projekt interessierte sich gerade nicht für eine zahlenmäßige Gewichtung, sondern für die differenzierten Innenabläufe besonders auffälliger Reformaktivitäten bzw. Abweichungen von diesen. Die rein rechnerisch zwar marginalen, gleichwohl aber markanten, da vom Bekannten nennenswert entkoppelten Spielarten für oder gegen Reform(en), können weitaus mehr Erkenntnis bieten, als von einer nur auf Menge bzw. Mehrheit abzielenden Argumentation zu erwarten wäre. Mit anderen Worten macht man es sich leicht (und beraubt sich der Möglichkeit intellektuell reizvoller Einblicke), wenn man die Abweichungsfälle nur als Sammelsurium des Ewiggestrigen begreift. Es ist sehr wohl anzunehmen, dass die identifizierten Maßnahmen in mehr oder weniger unterschiedlich ausgeprägten Schattierungen auch andernorts anzutreffen sind; ganz sicher weitaus mehr in latenter statt offen gelebter Praxis. Die Eingrenzung und Verbreitung tatsächlicher Musterbildungen ist gesondert zu erforschen. Beachtlich ist, wie selbstverständlich die jeweiligen Standorte mit möglichen Umstellungsszenarien kalkulieren. Dass der jeweilig angedachte Plan B immer ein relativ oberflächlicher bleibt, kommt flexibler Handhabe nur entgegen, ohne dafür großen Aufwand treiben zu müssen. Die längere Erhaltung der Alt-Studiengänge ist zu einem Gutteil unvorhersehbar günstigen Umständen der Verschonung und diskreten Gesten der Tolerierung oder gar Solidarisierung geschuldet. An diese Umstände lassen sich jedoch sachliche Argumentationen bedarfsweise anheften; etwa mit dem ökonomischen Hinweis auf eine weiterhin noch zureichende Nachfrage und befürwortende Signale aus dem (regionalen) Arbeitsmarkt.

Wenn bei alledem am Ende der Widerstand abnehmen sollte und die Energie für abweichende Eigenlösungen außerhalb regulärer Angebotslage schwindet, so ist dies vermutlich weniger als ernsthafte Bedrohung oder Störung zu bewerten, sondern wird mit relativer Leidenschaftslosigkeit organisatorisch hingenommen. Die Lösungen liegen ja in der Schublade. So wie die Alternativreformen – zugespitzt formuliert – letztlich nichts Halbes und nichts Ganzes darstellen, sondern bis auf Weiteres geltende, pragmatische Lösungen, so ist zu erwarten, dass ein wie auch immer motivierter oder erzwungener Abschied dereinst vom Diplom schließlich relativ unaufgeregt vonstattengehen dürfte.

Was Sie aus diesem *essential* mitnehmen können

- Einen innovativen Untersuchungsansatz im Rahmen der Diskussion um die Weiterentwicklung des Bologna-Systems.
- Eine umfassende Falldarstellung ausgewählter Fachbereiche.
- Detaillierte Einblicke in die persönlichen Auffassungen und Vorgehensweisen der Akteure.
- Alternative Praktiken der Veränderung in Form des ‚präventiven Reformierens‘.

© Springer Fachmedien Wiesbaden GmbH 2017
M. Schütz et al., *Lokaler Boykott der Bologna-Reform,* essentials,
DOI 10.1007/978-3-658-19393-5

Literatur

Aberbach, J. D., & Christensen, T. (2014). Why reforms so often disappoint. *The American Review of Public Administration, 44*(1), 3–16.

Argyris, C. (1982). How learning and reasoning processes affect organizational change. In P. S. Goodman et al. (Hrsg.), *Change in organizations* (S. 47–86). San Francisco: Jossey Bass.

Argyris, C., & Schön, D. A. (1978). *Organizational learning: A theory of action perspective.* Reading: Addison-Wesley.

Brunsson, N. (2006). Reforms, organization and hope. *Scandinavian Journal of Management, 22*(3), 253–255.

Brunsson, N., & Olsen, J. P. (1993). *The reforming organization. Making sense of administrative change.* London: Routledge.

Christensen, T., Lægreid, P., Roness, P. G., & Røvik, K. A. (2007). *Organization theory and the public sector. Instrument, culture and myth.* London: Routledge.

Cohen, M. D., March, J. G., & Olsen, J. P. (1972). A garbage can model of organizational choice. *Administrative Science Quarterly, 17*(1), 1–25.

Die Zeit. (14. April 2016). Gallische Dörfer. Ein Gespräch mit dem Soziologen Marcel Schütz über Abschlüsse (I: Jan-Martin Wiarda). *Die Zeit, 17,* S. 67.

Frankfurter Allgemeine Zeitung. (22. April 2017). Wo der Diplom-Ingenieur überlebt hat. *Frankfurter Allgemeine Zeitung, 95,* S. C1.

Hanft, A. (2000). Sind Hochschulen reform(un)fähig? Eine organisationstheoretische Analyse. In A. Hanft (Hrsg.), *Hochschulen managen?* (S. 3–25). Neuwied: Luchterhand.

Kezar, A. (2001). Understanding and facilitating organizational change in the 21st century: Recent research and conceptualizations. In A. Kezar (Hrsg.), *ASHE-ERIC Higher Education Report, 28*(4). New York: Wiley.

Kieser, A. (1997). Rhetoric and myth in management fashion. *Organization, 4*(1), 49–74.

Krücken, G., & Röbken, H. (2009). Neo-institutionalistische Hochschulforschung. In S. Koch & M. Schemmann (Hrsg.), *Neo-Institutionalismus in der Erziehungswissenschaft. Grundlegende Texte und empirische Studien* (S. 326–346). Wiesbaden: VS Verlag.

Krüger, W. (2004). Wandel, Management des (Change Management). In G. Schreyögg & A. v. Werder (Hrsg.), *Handwörterbuch Unternehmensführung und Organisation* (4. Aufl., S. 1605–1614). Stuttgart: Schäffer-Poeschel.

© Springer Fachmedien Wiesbaden GmbH 2017
M. Schütz et al., *Lokaler Boykott der Bologna-Reform,* essentials,
DOI 10.1007/978-3-658-19393-5

"

Kühl, S. (2007). Von der Hochschulreform zum Veränderungsmanagement von Universitäten? Eine kleine Luhmann-Nacherzählung unter dem Gesichtspunkt der Reformierbarkeit von Universitäten. *Verwaltung und Management, 13*(4), 212–216.

Kühl, S. (2014). *The sudoku effect: Universities in the vicious circle of bureaucracy.* Cham: Springer International Publishing.

Lenzen, D. (2014). *Bildung statt Bologna.* Berlin: Ullstein.

Luhmann, N. (1966). *Recht und Automation in der öffentlichen Verwaltung. Eine verwaltungswissenschaftliche Untersuchung.* Berlin: Duncker & Humblot.

Luhmann, N. (1971a). Die Knappheit der Zeit und die Vordringlichkeit des Befristeten. In N. Luhmann (Hrsg.), *Politische Planung. Aufsätze zur Soziologie von Politik und Verwaltung* (S. 143–164). Opladen: Westdeutscher Verlag.

Luhmann, N. (1971b). Reform des öffentlichen Dienstes. Zum Problem ihrer Probleme. In N. Luhmann (Hrsg.), *Politische Planung. Aufsätze zur Soziologie von Politik und Verwaltung* (S. 203–256). Opladen: Westdeutscher Verlag.

Meyer, J. W., & Rowan, B. (1977). Institutionalized organizations: Formal structure as myth and ceremony. *American Journal of Sociology, 83*(2), 340–363.

Mintzberg, H. (1979). *The structuring of organizations: A synthesis of the research.* Englewood Cliffs: Prentice Hall.

Neuberger, O. (2002). *Führen und führen lassen. Ansätze, Ergebnisse und Kritik der Führungsforschung* (6. Aufl.). Stuttgart: UTB.

Odenbach, S., & Krauthäuser, H. G. (2015). Mehr als ein akademischer Grad. Plädoyer für das Diplom in den Ingenieurwissenschaften. *Forschung & Lehre, 22*(6), 450–451.

Röbken, H., & Schütz, M. (2016). Die Personalverwaltung der Hochschulorganisation in Zeiten des Human Resource Managements: Konzeptionelle Beobachtungen und Befunde einer Befragungsstudie. In P. Conrad & J. Koch (Hrsg.), *Management zwischen Reflexion und Handeln. Managementforschung, 25* (S. 139–170). Wiesbaden: Springer Gabler.

Röbken, H., & Schütz, M. (2017). Gallic villages in the Bologna Area. Reasons and strategies for resisting the ‚Bologna Reform' in selected fields of study. *Journal of Organizational Theory in Education, 2*(1) (im Erscheinen).

Schriewer, J. (2007). „Bologna" – ein neu-europäischer „Mythos"? *Zeitschrift für Pädagogik, 53*(2), 182–199.

Schütz, M. (2015). Zu den Änderungen der Hochschulaufsicht in Nordrhein-Westfalen: Der Hochschulrat und seine Aufsichtsfunktionen nach dem „Hochschulzukunftsgesetz". *Nordrhein-Westfälische Verwaltungsblätter (NWVBl.). Zeitschrift für öffentliches Recht und öffentliche Verwaltung, 29*(6), 205–212.

Schütz, M., & Röbken, H. (2013). Kontinuität und Wandel: Die Organisation der Personalwirtschaft im Hochschulmanagement. Explorative Befunde einer Dezernenten-Befragung. *Hochschulmanagement, 8*(4), 103–109.

Schütz, M., & Röbken, H. (2016). Gallische Dörfer? Begründungsmuster und Handlungsstrategien bei der Erhaltung von Diplomstudiengängen. *Die Hochschule. Journal für Wissenschaft und Bildung, 25*(1), 100–114.

Senge, P. (1990). *The fifth discipline. The art and practice of the learning organization.* New York: Doubleday Business.

Technische Universität Ilmenau. (2016). TU startet Diplom-Studiengänge. https://www.tu-ilmenau.de/studieninteressierte/studienangebot/diplom/. Zugegriffen: 24. März 2017.

Terhart, E. (2005). Die Lehre in den Zeiten der Modularisierung. In U. Teichler, & R. Tippelt (Hrsg.), *Hochschullandschaft im Wandel* (Zeitschrift für Pädagogik, 50. Beiheft) (S. 87–102). Weinheim: Beltz.